科学如此惊心动魄·IT小精英

比人脑还聪明的电脑

纸上魔方 著

吉林出版集团股份有限公司 | 全国百佳图书出版单位

图书在版编目（CIP）数据

比人脑还聪明的电脑 / 纸上魔方著. — 长春：吉林出版集团
股份有限公司，2015.6（2021.6 重印）
（科学如此惊心动魄．IT小精英）
ISBN 978-7-5534-7750-3

Ⅰ．①比… Ⅱ．①纸… Ⅲ．①电子计算机—儿童读物
Ⅳ．①TP3-49

中国版本图书馆CIP数据核字(2015)第128265号

科学如此惊心动魄·IT小精英

比人脑还聪明的电脑

BI RENNAO HAI
CONGMING DE DIANNAO

出版策划：孙　昶
项目统筹：孔庆梅
项目策划：于姝姝
责任编辑：姜婷婷
制　　作：纸上魔方（电话：13521294990）
出　　版：吉林出版集团股份有限公司（www.jlpg.cn）
　　　　　（长春市福祉大路5788号，邮政编码：130118）
发　　行：吉林出版集团译文图书经营有限公司
　　　　　（http://shop34896900.taobao.com）
电　　话：总编办 0431-81629909　　营销部 0431-81629880 / 81629881
印　　刷：三河市燕春印务有限公司
开　　本：720mm×1000mm　1/16
印　　张：8
字　　数：80千字
版　　次：2015年8月第1版
印　　次：2021年6月第8次印刷
书　　号：ISBN 978-7-5534-7750-3
定　　价：38.00元
印装错误请与承印厂联系　　电话：15350686777

打开知识之门，探寻科技奥秘！

前　言

四有：有妙赏，有哲思，有洞见，有超越。

妙赏：就是"赏妙"。妙就是事物的本质。

哲思：关注基本的、重大的、普遍的真理。关注演变，关注思想的更新。

洞见：要窥见事物内部的境界。

超越：就是让认识更上一层楼。

关于家长及孩子们最关心的问题："如何学科学，怎么学？"我只谈几个重要方面，而非全面论述。

1. 致广大而尽精微。

柏拉图说："我认为，只有当所有这些研究提高到彼此互相结合、互相关联的程度，并且能够对它们的相互关系得到一个总括的、成熟的看法时，我们的研究才算是有意义的，否则便是白费力气，毫无价值。"水泥和砖不是宏伟的建筑。在学习中，力争做到既有分析又有综合。在微观上重析理，明其幽微；在宏观上看结构，通其大义。

2. 循序渐进法。

按部就班地学习，它可以给你扎实的基础，这是做出创造性工作的开始。由浅入深，循序渐进，对基本概念、基本原理牢固掌握并熟练运用。切忌好高骛远、囫囵吞枣。

3. 以简驭繁。

笛卡尔是近代思想的开山祖师。他的方法大致可归结为两步：第一步是化繁为简，第二步是以简驭繁。化繁为简通常有两种方法：一是将复杂问题分解为简单问题，二是将一般问题特殊化。化繁为简这一步做得好，由简回归到繁，就容易了。

4. 验证与总结。

笛卡尔说："如果我在科学上发现了什么新的真理，我总可以说它们是建立在五六个已成功解决的问题上。"回顾一下你所做过的一切，看看困难的实质是什么，哪一步最关键，什么地方你还可以改进，这样久而久之，举一反三的本领就练出来了。

5. 刻苦努力。

不受一番冰霜苦，哪有梅花放清香？要记住，刻苦用功是读书有成的最基本的条件。古今中外，概莫能外。马克思说："在科学上是没有平坦的大道可走的，只有那些在崎岖的攀登上不畏劳苦的人，才有希望到达光辉的顶点。"

北京大学数学教授/百家讲坛讲师

张顺燕

写给家长及孩子们的话

孩子是这个世界的未来，在这个科技飞速发展、全球文化经济共融的时代，家长转变教育理念并开拓孩子的视野是重中之重的事情。"科学如此惊心动魄"系列丛书，是一套涉及领域广阔的趣味科普故事书，囊括自然科学、人文、生物、天文、数学、地理、历史等学科知识，都是孩子们最感兴趣的主题，让孩子们在行动中不断开阔眼界，在不知不觉中掌握科学知识！

中国科学院院士/北京大学化学教授

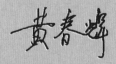

目录

第一章　电脑终于诞生啦　　1

电脑前期的漫漫发展路　　2

电脑的近期发展　　5

电脑"瘦身"的四个发展阶段　　8

第二章　电脑的硬件有哪些？　　13

什么是电脑硬件？　　14

第三章　神奇的操作系统　　23

神奇的电脑软件　　24

什么是操作系统软件？　　26

Windows系统的由来　　28

有了Windows系统，还需要DOS系统吗？　　32

第四章　好用的应用软件　　37

应用软件能够帮你完成特定的任务　　38

办公软件中的佼佼者——Office系列软件包　　41

软件的产生离不开编程　　44

第五章　特别的计量单位　　49

不同寻常的存储单位　　50

神奇的二进制　　53

电脑的运行速度怎么计量？　　57

第六章　电脑也会犯错误　　　61

是电脑程序出错了吗？　　　62

使用者自作聪明，真难为了电脑　　　67

使用者太粗心，电脑会犯错　　　69

电脑硬件受损了，电脑会犯错　　　71

第七章　巧妙应对电脑的硬件故障　　　75

电脑死机了，怎么办？　　　76

电脑总是无故重启，怎么办？　　　80

电脑开机无响应，怎么办？　　　83

第八章　巧妙应对电脑的软件故障　　　89

糟糕，系统软件发生故障了　　　90

应用软件也会发生故障　　　94

第九章　听话的电脑机器人　　　99

世界上第一台电脑机器人　　　100

电脑机器人有时候笨笨的　　　102

越来越完善的机器人　　　105

电脑比人类聪明吗？　　　107

第十章　未来的电脑会越来越"傻"　　　111

未来电脑的发展方向　　　112

电脑日益强大的功能与个性　　　114

未来的"绿色电脑"　　　117

第一章

电脑终于诞生啦

电脑前期的漫漫发展路

公元前3000年，算盘诞生啦！它的出现，让用双手双脚进行算术的人们彻底得到解放！可是，在接下来的4500年，人们却没有找到比算盘更先进更快速的运算工具。这是怎么回事呢？难道算盘的计算速度真的够快了吗？

在生意火爆的餐馆……

小二，小二，你过来！

什么事情，老板？

我现在遇到麻烦了。你看，那个1号桌的客人都是我的朋友，其他桌都收了钱，就……

是不是不用收1号桌的钱了？

笨蛋！等会儿我借口去茅房，你负责收他们的钱。给，这是他们的菜单……

哦。

烧鸡45、鲍鱼汤137、茄子23、猪蹄64……这么多，双手手指都数不过来了，还是用算盘吧。

一一上一，一下五去四，一去九进一；二二上二，二下五去三，二去八进一；三三上三，三下五去二，三去……啊，接下来是什么？算了，重新来。

小二，老板要我来问你算好没。

快了，快了，不要着急，着急算错了，是要吃亏的。

啪嗒！
啪嗒！

两个小时后……

哇，算好了，算好了，总共是……咦，客人呢？

早走了！愣在那里干吗，还不快来帮忙？老板蹲在茅房太久，晕倒了！

……

很显然，算盘的计算速度还真是不够快。想想，一家大型公司每天进货出货上万件，每天报销的钱上万元，要是还使用算盘的话，估计公司要请十几个算盘高手都忙不完，而且请算盘高手的工资高啊……老板要心疼死了。

所以，要是能有一种比算盘的计算速度更快、能自行帮人完成计算的工具，那就好了。

为此，无数的科学家开始努力研究这种工具。终于，一种高速计算的电子计算机器——电脑——诞生啦。

不过，它的诞生还真不容易，那可是经历了前期极其漫长的发展过程，不信，你往下看——

1642年，数字计算器——数字太复杂，就会出问题！

这一年，法国一位名为布莱斯·帕斯卡的发明家制造出了第一台数字计算器，用来帮自己的收税员戴德计算人们的欠税额。这台机器的神奇之处在于，它可以将成列的数字加在一起，因此，这台机器也被称为"帕斯卡列"。

不过，戴德在使用这台机器的时候，显然是高兴得太早了。他闲暇时，试着做"99999+1"这类运算时，没想到，机器在把"9"变成"0"时，竟然罢工了！戴德只好垂头丧气地继续进行手工计算。

1673年，机械式计算器——加、减、乘、除，样样行！

这年，德国数学家格特弗瑞德·莱布尼兹发明制造了一台机械式计算器，能进行加、减、乘、除的运算。这给了其他科学家一个大大的鼓励。

1822年至1833年，"差分机"到"分析机"——能按照指令运转。

1822年，英国一位极具传奇色彩的发明家查尔斯·巴比奇设计出一种"差分机"，这个机器可以计算数学表格，不过，遗憾的是，巴比奇并没有把它完整地制造出来。

后来，巴比奇在1833年设计出了"分析机"。这台机器不仅可以进行数学运算，还可以按照一套程序，也就是指令，进行运转。可惜的是，没人能根据他的设计把它制造出来，除了一些配件外，它没有被组合成为一台真正意义上的机器。不过，这已经是计算机发展史上极为有利的一步了，因为人们开始认识"程序"这个词了。

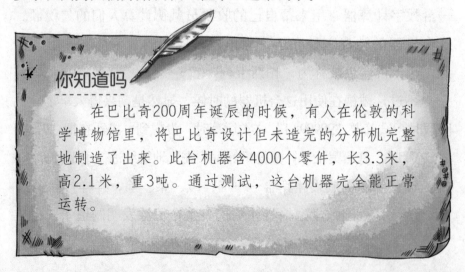

你知道吗

在巴比奇200周年诞辰的时候，有人在伦敦的科学博物馆里，将巴比奇设计但未造完的分析机完整地制造了出来。此台机器含4000个零件，长3.3米，高2.1米，重3吨。通过测试，这台机器完全能正常运转。

电脑的近期发展

真遗憾，分析机没有被制造出来！不过，聪明的科学家们可没有放弃。他们从分析机的设计理念吸取经验，对电脑的研究更加热情高涨，终于在20世纪30年代末，第一台电脑成功地被研制出来了。不过，那时候的电脑……

20世纪50年代，美国一位富豪汤姆买下了一台电脑，把它安置在自家的工厂里。一天，他的一个朋友对这种电脑很好奇，要来参观参观。为此，在外出差的汤姆让自己得力的助手带着朋友来到了工厂。

把这个搬到我家去，我好好研究研究。

奇怪，这不就是几本书吗，有什么神奇的？

这时，汤姆出差回来了，朋友抬着那沉重的纸箱子到工厂来找他。

汤姆，你花重金就买了一堆书回来？你是疯了吗？

不，不，这不是电脑，只是电脑操作说明书而已。

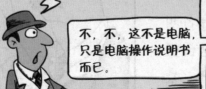

看，那才是电脑，得要一个大房子才装得下呢。

朋友震惊得眼睛都要掉落在地上了。

哈哈，那时候的电脑大吧！它不仅大，而且笨重得要命，怪不得人们称它为"恐龙型"电脑。不过，不管怎样，电脑总算被制造出来了。要知道，它的出现可是经历了一段非常曲折的近期发展史呢——

说到电脑的近期发展，还真得说说一家叫IBM的国际商用机器公司。这家公司的前身是制造列表机的。别小看列表机，在当时可是一种超级先进的机器，是由美国约州布法罗的赫尔曼·霍勒里于1886年制造出来的一种用打孔卡片来工作的机器。为此，赫尔曼·霍勒里成立了一家公司，然后不断和其他公司合并，就形成了"IBM"。

IBM的第一任总裁托马斯·沃森可是疯狂的人，他带领全公司掀起了一股头脑风暴，所有的人都在为制造一台超智能的计算机绞尽脑汁。

1939年，IBM公司的约翰·文森特·阿塔诺索夫终于设计并制造出了一台名叫"ABC"的计算机。这台机器使用了电子元件，取代了笨

重的齿轮和杠杆，是第一台被公认的电子化数字型计算机。

1941年，英格兰的汤米·弗拉沃斯设计并制造了第一台全电子化计算机器。这台机器体形庞大得犹如"巨人"，不过，它涉及一些政治上的秘密，所以没有被公开过！

直到1946年，美国宾夕法尼亚大学终于研制出第一台真正意义上的通用型电子计算机。那时候，它还不叫电脑，而是叫"ENIAC"（电子数字积分计算机）。不过，它重达30吨，体形大得像座山，要一个170多平方米的大屋子才能装下，你站在它面前渺小得像只蚂蚁。

科学家们为什么要把它造得这般大呢？这可不是科学家们喜欢"庞大型"的机器，而是因为它使用了18000个电子管、7000个电阻器。虽然是大了点，但是，它终于可以按照操作指令完成任务，它的诞生代表着第一代电子管计算机时代的开启。

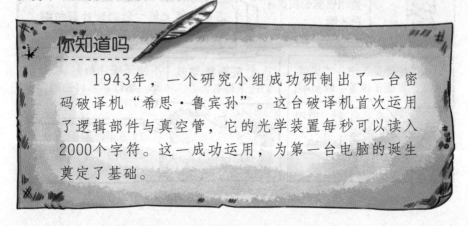

你知道吗

1943年，一个研究小组成功研制出了一台密码破译机"希思·鲁宾孙"。这台破译机首次运用了逻辑部件与真空管，它的光学装置每秒可以读入2000个字符。这一成功运用，为第一台电脑的诞生奠定了基础。

电脑"瘦身"的四个发展阶段

　　"恐龙型"电脑这么大，操作起来还真是不方便，有时候按个按钮都得搬个梯子爬上去。看来，不给它"减减肥"缩小缩小，还真是不行。不过，想要让它变小又好用，首先得从减轻电脑配件的重量入手。所以，根据采用的器件的不同，电脑从诞生至今，可以分为四个发展阶段：电子管计算机时代、晶体管计算机时代、集成电路计算机时代和大规模集成电路计算机时代。

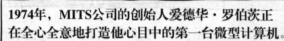

1974年，MITS公司的创始人爱德华·罗伯茨正在全心全意地打造他心目中的第一台微型计算机。

罗伯茨，债主讨债来了，我们还欠人家25万美元呢！

不怕，我们有它。

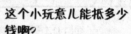

这个小玩意儿能抵多少钱啊？

买回来得75美元。

你还是别做白日梦了，好好经营我们的台式计算机生意好了。

可是，我们拼不过德州仪器公司这个巨头嘛！

过了一段时间，爱德华将组装好的机器放到妻子和女儿面前。

这是世界上第一台微型计算机啊。来，我们给它取个响亮的名字吧。

就叫"牛郎星"吧，《星球大战》里面正说着牛郎星呢。

好，就叫"牛郎星"吧。

这个东西能帮我们还清债务？

不知道呢。每台卖397美元，估计怎么样也能卖出800台吧。

1975年，罗伯茨拿了2000份"牛郎星"的生产订单。

第一个阶段：超级笨重的电子管计算机时代。

从1946年到1956年，人们使用的电脑就是前面所讲的"恐龙型"电脑。它的配件用的就是体积较大的电子管，用的数量还多，所以，电脑才超级笨重，而且耗电也高，运行的速度慢吞吞的，像个老人，等待它完成一项任务，你大可不要着急，恐怕睡一觉回来都还来得及。当然，这时候，普通的人是没机会使用电脑的，因为它主要被运用在军事和科学研究上。

第二个阶段：体积和重量有所变小的晶体管计算机时代。

从1956年开始，电脑使用的配件是体积重量都较小的晶体管，这样一来，电脑成功"减肥"，变得娇小多了，就连功能也增强了很多，这个阶段的电脑，就被称作"晶体管电脑"。

这些晶体管能让计算机减肥。

太好了，我可以使用吗？

这个阶段电脑的运行速度突飞猛进，每秒就能执行几十万次运算。这个时候，你要是在等待它完成一项指令时跑去睡个觉再回来，恐怕早已错过了很多精彩的画面。不过，晶体管也并不是非常完美，它在电脑运行过程中会散发出大量的热，一不小心就会把电脑内部的一些敏感配件给"烫伤"了。

但是，不管怎样，晶体管电脑的确变小了很多，可以被搬到办公室里去处理一些数据和事务了。

第三个阶段："苗条"的集成电路计算机时代。

从1965年到1970年，电脑使用的是集成电路。什么是集成电路呢？别着急，我们先来了解一种单晶硅片。这种单晶硅片可厉害了，只要几平方毫米就可以集中十几个到上百个由电子器件组成的逻辑电路，运算速度也是很快的，每秒就能执行几百万次。毫不夸张地说，早期的"恐龙型"电脑的所有功能，在这个阶段只要一块硬币大小的集成电路就实现了。神奇吧！

使用集成电路的电脑，变得"苗条"极了，完全可以放到桌子上供人使用了。它执行指令的时候，你只要一眨眼的工夫，它就帮你完成了。

第四个阶段：纤薄的大规模集成电路计算机时代。

从1971年至今，电脑采用的是大规模和超大规模集成电路作为逻辑元件，"减肥"成了纤薄型。从桌上到膝上甚至到手掌上，携带方便极了。

现在，随处可以看到电脑，就连3岁的小孩也能拿着电脑玩《连连看》游戏呢。那电脑的发展是不是到了顶峰呢？

不，人们的创造力可是无限的。虽然，目前的电脑外观大小不尽相同，它们所用的技术也在不断更新，并将一直更新着……

真神奇！电脑原本是为了快速进行各种运算而发明的，可如

今，它不仅仅能做到这一点，还可以帮我们完成各种工作，你要是懒得动脑筋，它还可以替你思考，真是一种充满"智慧"的机器啊！

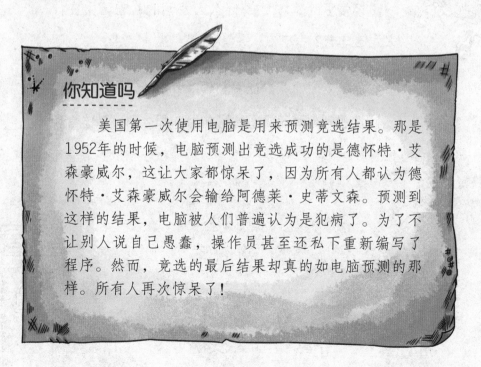

你知道吗

美国第一次使用电脑是用来预测竞选结果。那是1952年的时候，电脑预测出竞选成功的是德怀特·艾森豪威尔，这让大家都惊呆了，因为所有人都认为德怀特·艾森豪威尔会输给阿德莱·史蒂文森。预测到这样的结果，电脑被人们普遍认为是犯病了。为了不让别人说自己愚蠢，操作员甚至还私下重新编写了程序。然而，竞选的最后结果却真的如电脑预测的那样。所有人再次惊呆了！

1 电脑，是日常生活中我们对计算机的俗称。除了我们生活中多见的"PC"(个人电脑)之外，计算机还有很多不同的种类。请问：计算机都有哪些种类？

2 电脑，也就是计算机，经历了如房子那么大的巨型时代，慢慢走向现在娇小轻便的个人手提笔记本或平板电脑时代。请问：人类历史上第一台轻便式个人电脑是什么人发明的？它诞生在什么年代？

3 如上文所述，晶体管和集成电路的发展对计算机发展有着举足轻重的影响力，那么到底晶体管和集成电路是什么？

第二章

电脑的硬件有哪些？

什么是电脑硬件？

　　电脑终于诞生啦，那电脑是怎样运作的呢？为什么插上电源，按下开机键，然后用键盘往里面打字，这些字就会显示出来呢？

　　呵呵，别看这几个动作很简单，其实，这里面可是蕴含了电脑运作要遵循的三个基本步骤——输入、处理、输出——呢。

　　如，用键盘打字，就是输入步骤；电脑识别出这些字符的过程，

克里斯托夫·拉森·肖尔斯是世界上第一台真正拥有实用意义的打字机的发明者。卡洛斯·格利是肖尔斯的朋友，也是让肖尔斯萌生研制实用打字机创意的启发者。

为什么要研究这样的机器呢？

我在忙着研制一台能自动给书编页码的机器呢。

你在忙什么呢？

这样，我们就不用利用人手对成千上万的书稿进行编码啦，多方便啊。

那为什么不研制一部能同时在书本上印字的机器呢？

……对啊，为什么呢？我应该研制一部打字机才对！

于是，肖尔斯买来了各式各样的原始打字机开始研究。1868年，肖尔斯捧着自己研制出来的"QWERTY"打字机申请打字机模型专利，这是电脑键盘的前身。

就是处理的步骤；这些字显示出来，就是输出步骤。

这些步骤很简单，但是，它们可不是凭空实现的哦，要是没有硬件设施来帮忙，一切都是空谈。那么，什么是硬件呢？

电脑能够工作，所要遵循的工作原理，其实就是，首先将需要处理的信息输入电脑，然后电脑的中央处理器把信息进行加工处理后，再由输出设备把处理好的结果显示出来给人们看。

而电脑的输入、处理和输出肯定要用到配件，我们用眼睛能看到的电脑的配件，就是电脑的硬件。

显示器：
输出部分

主机：电脑
的身体

键盘：输入部分

主机——电脑的"身体"。

主机就是我们常用的台式机中通常放在下面的、电脑启动开关所在的那个机器。它看起来像个小箱子，不过，它可不是个空箱子哦，里面装有处理器、内存条和承担全部工作的线路。不信，我们就拆开主机来看个清楚吧。

如果主机是电脑的身体，我想试图找到它的大脑以及其他部分。

我不管你要在这台电脑上找到什么，但我知道你如果再不把它装回去你自己的大脑也保不住了！

一打开主机机箱，看，那块最大的长方形的电路板就是主板呢。它相当于电脑的"腰杆"，很多配件都连接在这块主板上呢，如CPU。

CPU——电脑的"心脏"。

什么是CPU呢？CPU就是中央处理器，它可是电脑的"心脏"，是整个电脑的控制中心呢。如果你用的是英特尔的处理器，你还会看到上面标有intel的单词。"英特尔，给你一颗奔腾的心"，英特尔可是一款使用最多的CPU。别看CPU小小的，四四

方方的，要是它出现问题，电脑会直接罢工的。

嘿！在CPU的上边怎么还配了个小风扇？难道CPU也会发热吗？对了，CPU在随着电脑开机的那一刻，就开始运作了。就跟人运动时会发热出汗一样，CPU运转久了，也会散发出大量的

热，要是不用小风扇给它吹吹凉，CPU可是会烫坏的。

内存条——电脑的"大脑"。

咦？在CPU的右侧、一样安在主板上的长条形的东西，是什

么呢?

呵呵,那是内存条。虽然它小小的,可是它的作用非常大,相当于电脑的"大脑"呢。

它就像整个电脑芯片工作的办公室,它的容量越大,CPU发挥的空间也就越大,而且,这个办公室的门还得够大,才能方便一次尽量多地将数据搬进来和搬出去。简单地说,就是内存越

快越好,容量越大越好。当然,还得保证它的稳定,要是它不稳定了,电脑运行也就变得不稳定了,可千万别让电脑患上"脑震荡"哦。

硬盘——电脑的"外脑"。

在主板的旁边有一个较大的长方形的实心金属盒子,它是用来储存数据的,里面装了很多数据和文件,它就是硬盘!它就像电脑的外脑,把我们用电脑制作出来的东西,都存储在里面。

最早出现的硬盘,据说有两个冰箱那么大,常常让人误以为是冰箱。可以想象,当时的主机得多大才能装得下它吧。

如今,这种硬盘非常小,都是直接装在主机的机箱里。但是,现在的硬盘可没有外表看上去那般坚硬而结实,它可是最怕晃动和撞击的,一旦硬盘的盘片

被震动而损坏，存储在里面的数据就会全部丢失掉。

CD光驱——供我们放光碟、播放光碟的设备。

CD光驱被安装在主机的上面。它是一个很薄的盒子，是放光碟和播放光碟的设备哦。我们想在电脑上播放CD光碟，只要轻轻按一下光驱的开关，这个设备就乖乖地弹出来，只要你将亮闪闪的圆形光碟放上去，就可以欣赏到光碟上存储的图像和声音了。一张光碟可能就储存了好几十集的动画片，真是看得过瘾。

奇怪，为什么几十集的动画片都可以存储在一张小小的光碟上呢？那是因为它的空间非常大，寿命也很长，科学家通过测试发现，一张光碟至少可以活50岁呢，要是保存得好，甚至可以活

4亿年，真是太不可思议了！

键盘——一块布满按键的板。

看完了主机里的配件，我们再来看看别的配件吧。

先来看看大家比较熟悉的布满按键的板吧，它就是键盘。我们在键盘上任意敲一个键，相应的字符便输入到了计算机里，所以，键盘是电脑的输入设备呢。

可是，键盘上的键那么多，它们都是随意排列的吗？当然不是，你看，键盘的第一排按顺序排好的英文字母"QWERTY"可正好是"标准传统键盘"的英文名称。键盘上按键的布局也跟老式的打字机一样，把最常用的字母恰好集中在打字者的8个

手指下面，盲打起来方便极了。当然，如果你只用一只手打字，那这样的布局并没有太大的作用。

鼠标——依靠在电脑屏幕上的移动指针（即光标）来输入的一种工具。

咦，键盘旁边怎么有一个外形像老鼠的工具呢？它可不是玩具哦，而是用来帮我们告诉电脑，我们要对电脑的哪个位置进行记录呢。

它和电脑相连接，形似老鼠，拖着一根长长的电线"尾巴"，所以，我们叫它"鼠标"。

在1970年时，鼠标就被发明出来了，不过，那时候的鼠标是用木头做的，还需要借助两个金属轮子来进行滑动呢。而到了现在，已经出现无线鼠标了。

显示器——电脑的"脸"。

在桌子上摆放着的、看上去像电视机的东西，就是显示器。

跟主机用电线连接起来，通过它，我们可以看到文字、动画、图片等。

如今的显示器种类很多，那种个头儿大、重量高的显示器，就是一般显示器，即CRT显示器，它的清晰度比普通彩色电视机

真是变得越来越小巧轻便啦！

高10倍以上，不过，它太笨重了，越来越不受人们的喜欢了。

现在，人们比较喜欢的是一种个头儿小、分辨率高的液晶显示器，也就是LCD显示器。

音箱——一种输出声音的设备。

无论是娃娃的哭声还是恐怖的惊叫声，都可以通过它呈现出来，而且我们可以根据自己的喜好，调节声音的大小。

不过，能从音箱中听到声音，还得需要一种叫声卡的东西帮忙。声卡相当于"声音的翻译家"，它将从CPU那里获

杰克！已经凌晨一点了！就不能让你的电脑闭嘴吗？！

得的声音数据，"翻译"成音箱能接收的信号，从而转化为我们听得懂的声音。可以说，声卡配上音箱，就相当于电脑的"嘴巴"了。

　　电脑除了以上硬件，还有摄像头、耳机、手写板、打印机等。无论是哪些硬件都无外乎就是电脑的输入、处理和输出设备。

　　随着科技的发展，硬件在不断地更新和改进，要知道最开始的主机，那大得有两层楼高，而现在的iPad所用的主机，小得就跟一块电路板一样。

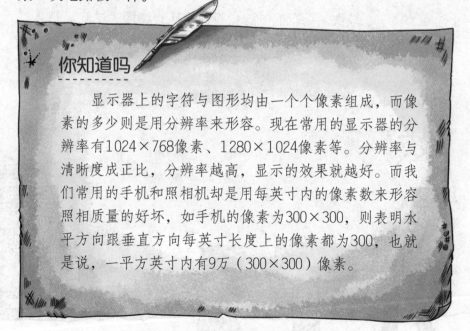

你知道吗

　　显示器上的字符与图形均由一个个像素组成，而像素的多少则是用分辨率来形容。现在常用的显示器的分辨率有1024×768像素、1280×1024像素等。分辨率与清晰度成正比，分辨率越高，显示的效果就越好。而我们常用的手机和照相机却是用每英寸内的像素数来形容照相质量的好坏，如手机的像素为300×300，则表明水平方向跟垂直方向每英寸长度上的像素都为300，也就是说，一平方英寸内有9万（300×300）像素。

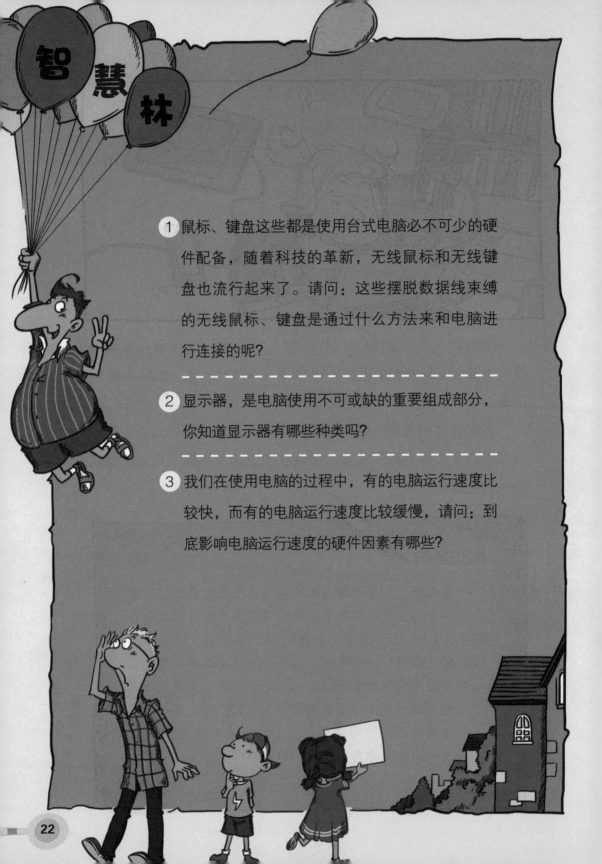

智慧林

1. 鼠标、键盘这些都是使用台式电脑必不可少的硬件配备，随着科技的革新，无线鼠标和无线键盘也流行起来了。请问：这些摆脱数据线束缚的无线鼠标、键盘是通过什么方法来和电脑进行连接的呢？

2. 显示器，是电脑使用不可或缺的重要组成部分，你知道显示器有哪些种类吗？

3. 我们在使用电脑的过程中，有的电脑运行速度比较快，而有的电脑运行速度比较缓慢，请问：到底影响电脑运行速度的硬件因素有哪些？

第三章

神奇的操作系统

神奇的
电脑软件

　　当配备好了所有的硬件，电脑是不是就可以灵活自如地运行了？不！就像人一样，拥有了身体，如果没有思想，也是无法正常完成简单的任务的。

　　所以，只有硬件的电脑也缺少一种"思想"？正是！不过，电脑的"思想"可是有一个新的名字——软件。那到底什么是软件呢？

我们知道，人身上的各器官就相当于人的硬件，可是，像阿呆的那两位同学通过大脑硬件发出要计算各个数的和的指令到最后得出结果的过程，却是一种我们看不见的思维。

对于电脑，它接到指令后，也需要一种"思维过程"去帮它完成任务，这种"思维过程"在电脑的世界里，就被叫作程序，软件就是全部计算机程序的通称。

所以，电脑能完成什么样的任务，就需要什么样的"思维过程"，也就需要什么样的软件。

软件比硬件神秘多了，你根本无法用肉眼看到它。我们要了解它，还真得费一番心思。

如今，我们使用得最多的软件是系统软件和应用软件两类。可是，系统软件和应用软件到底是什么啊？别着急，反正你只

到底怎么区分软件和硬件呢？

要知道，不论是系统软件还是应用软件，都是程序，它们能让计算机帮你完成任务就好。

至于它们有什么区别，那还是让我们先来了解了解系统软件吧。

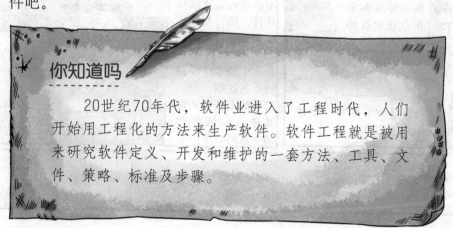

你知道吗

20世纪70年代，软件业进入了工程时代，人们开始用工程化的方法来生产软件。软件工程就是被用来研究软件定义、开发和维护的一套方法、工具、文件、策略、标准及步骤。

什么是操作系统软件?

你们知道吗？在我们的每一台电脑里都必须装上一套操作系统软件哦，它是系统软件中最常见的一种。如果你的电脑没有安装它，呵呵，你再怎么敲打键盘，它也没什么反应。

操作系统软件可是连接硬件跟软件的桥梁，有了它，电脑才不

1980年初，比尔·盖茨代表"微软"向IBM提交BASIC在内的电脑语言软件。IBM代表埃斯特奇和他讲道：

你也知道，其实目前我们研发的个人电脑最需要的是操作软件啊。

我给你介绍研发CP/M操作系统软件DR数字研究公司负责人。

好的，好的。

过了一段时间，埃斯特奇再找比尔·盖茨。

不行，还得请你们帮忙解决操作系统问题。

怎么啦？他们不乐意做？

不是，DR公司的负责人不在家，他太太不乐意替他在协议书上签字。

呃，好吧，我想想办法。

怎么办呢？我们并不善于做系统操作软件。啊，我想到了天才帕特森研发出QDOS软件，这是一个简单快捷的操作系统啊。但只要加上我们的电脑语言和程序代码，就可以了。

1980年5月，比尔·盖茨带着由QDOS软件改良而来的"MS-DOS"系统操作软件来到IBM公司。

成功了！

仅仅是冰冷的硬件，你才能用电脑去做各种有趣的事。可是，到底什么是操作系统软件呢？

我们知道，电脑安上了软件才能执行任务，给它安上什么软件，它就可以完成什么样的工作。

可是，软件看不着摸不到，就是一串串的数据，要在电脑上安装它，总得给它个可以安装的地方吧。然而，冷冰冰的硬件要如何搭建这种平台呢？

别着急，操作系统出现了。它能够和硬件取得良好的连接，并且为其他软件提供安装的平台，它就像个大总管一样，控制着电脑里所有的硬件和软件系统，合理地安排着计算机的工作流程，使得计算机有条不紊地工作。

所以，操作系统软件的规模非常庞大，由特别多的特定的程序组成，比一般的软件都要复杂且大很多，一般用单独的光盘才能存储下它。

你知道吗

苹果电脑上使用的操作系统不是Windows，而是Macintosh 操作系统，简称为Mac。这种操作系统是在Unix的基础上发展来的，并在稳定性、性能及响应能力上有了一定的增强。它依靠对称多处理技术发挥出了双处理器的优势，获得更加强大的二维、三维、图形性能等。

Windows系统的由来

Windows系统是什么？

Windows系统就是一种操作系统软件，是目前人们用得最多的一种。

有了Windows系统，你只要看得懂提示信息，看得懂图片，会使用鼠标，就难不倒你，从而让电脑为你服务。那么，Windows系统到底是怎么来的呢？它的发展又经过了怎样的历程呢？

DOS系统操作麻烦，让不少人觉得困惑。因此，比尔·盖茨于1985年11月正式推出Windows系统软件。

天啊，无论让电脑干什么，都要记住那么多DOS操作命令，真是让人苦恼啊！

比尔·盖茨召开会议，找来24位编程高手。

来，你们给我开发出一种不需要记住操作命令都可以完美操作电脑的操作系统来。

3年后，将近10个编程高手被炒了鱿鱼。

真奇怪，明明MC-DOS系统就是他自己研发的，现在又各种吐槽。

后来，比尔·盖茨到办公室闲逛，看到工作人员正在为麦金塔配套电子表格和字母处理软件。

咦？为什么上面有个光标在动来动去？

这是鼠标。

对！鼠标！我想到了，我想到抛掉一切DOS操作指令的办法了。

1985年11月10日，比尔·盖茨在新闻发布会上宣布Windows1.0操作系统正式诞生。

对于Windows，大家并不陌生，每次给电脑开机，电脑进入桌面之前，都会先进入Windows系统，并且会有个大大的英文Windows出现。

不过，Windows并不是最早的一种操作系统。它是在一种叫DOS的操作系统的基础上发展来的。可是，DOS操作系统又是什么呢？

DOS操作系统，就是磁盘操作系统。其中比较有名的DOS系统要属MS-DOS系统，也就是微软磁盘操作系统，由美国微软公司研制出来的。

当你的电脑安上MS-DOS系统，你看到的可不是一个个的图形界面，而是一堆密密麻麻的英文字母。你想操作电脑，可得先学习好英语，要不然，你就只能眼巴巴地看着电脑，根本没办法让它帮你执行任务。这是怎么回事呢？

别着急，你的电脑并没有坏，而是因为这个MS-DOS系统只认识"英文文字的指令"。比如，你想把放在E盘的文件"photo.jpg"复制到F盘并命名"zhaopian.jpg"，那么你得在DOS系统界面上以这种格式输入：

COPYE：photo.jpgF：zhaopian.jpg

1File（s）copied

命令输进去后，系统会自动运行，然后，你就可以在F盘找到命名为"zhaopian.jpg"的文件了。

除此之外，你要删除一个文件、新建一个文件夹等，都需要用键盘输入相应的命令，这样的命令真是复杂，不小心漏掉一个字母，电脑也无法完成操作，我们还是先去好好学习英语再来用电脑吧。

　　还有一个最麻烦的地方，在DOS系统下，你一次只能使用一个程序。也就是说，你想一边听歌，一边写作文，是根本不可能的。你只能单独进行听歌或写作文，如果要同时运行别的程序，对不起，你还是先把现在用的程序关掉吧。

DOS系统存在这么多麻烦，微软公司也看不下去了，于是，在1985年于MS-DOS的基础上开发出了Windows系统。

　　千万别小看Windows系统，它不仅具有DOS的功能，还增加了桌面图形形式，只要用鼠标点击图形就可以完成很多操作，方便了很多。

　　就拿你要把放在E盘的文件"photo.jpg"复制到F盘，并命名为"zhaopian.jpg"这件事来说吧，只要用鼠标选中photo.jpg这个文件，然后进行"复制"，再转到F盘，点击鼠标右键，选择"粘贴"，"photo.jpg"就成功拷贝到了F盘里。然后，再用鼠标点击这个文件，在右键弹出的选择框里选择"重命名"，往命名框里键入"zhaopian.jpg"就可以了。

　　操作的时候，每一步你都可以直观看到，弹出的对话框提示信息也非常容易理解。即便你是个初次接触电脑的菜鸟，也可以进行操作，这也是如今电脑能大规模普及的原因。

不过，Windows系统还有一个了不起的改进，它允许用户同时执行多个程序，且在各个程序之间可以进行切换，这样你就可以一边听歌一边写作文了。怎么样，比DOS系统先进多了吧?

新系统好棒!

为了完善Windows的各种功能且使它的操作越来越简便，微软公司不断地对Windows系统进行更新，历经20多个年头，Windows系统就从最开始的Windows1.0到现在的Windows2003、WindowsXP、Windows8等，功能变得越来越齐全，使用也越来越方便。但是，无论Windows怎么发展和更新，它都没有完全舍弃掉DOS系统，而是集成和整合了DOS系统。

你知道吗

个人电脑上最早使用的操作系统是CP/M，诞生于1974年，全称为"Control Program/Monitor"，意指"控制程序"或"监控程序"。它可以对主机、内存、磁鼓、磁带、磁盘、打印机等设备进行指挥，还可以通过控制总线上的程序与数据，有条不紊地执行人们的指令。

有了Windows系统，还需要DOS系统吗?

有了Windows系统，我们一边看着悦目的色彩，一边听着动听的音乐，坐在桌前喝杯咖啡，随意点几下鼠标就可以完成任务，真是悠闲自在啊!

1980年，程序员蒂姆·帕特森正在西雅图电脑产品公司的工作室没日没夜地研究软件程序。他兴高采烈地对老板说:

我研究出来了! 我研究出一个操作简单、兼容性特强的86-DOS操作系统耶!

非常好，非常好! 加油啊，年轻人。

怎么样，我的DOS系统不错吧?

不知道呢，我已经将这个操作软件的版权全部卖给那家微软公司了，他还出价5万美元。

天啊，你不知道吗? 这操作系统的价值远远高于5万美元啊! 你亏大了。

1981年6月，帕特森来到微软公司。

怎么啦? 天才帕特森，你来加盟我们的微软公司?

没办法啊，谁让你把我的DOS系统给买了呀。

既然Windows系统这么厉害，那DOS系统就该被淘汰了吧？

不，DOS系统是不能完全被舍弃的，现在我们所用的Windows系统可是都集成了DOS系统的。这是为什么呢？

这是因为DOS系统有一个非常重要的作用，那就是它能维持硬件的正常工作，要是没有DOS系统，电脑肯定会非常混乱。当然，要是没有Windows系统，你就没办法使用Windows的应用程序，如写文档、建表格等。所以Windows和DOS彼此兼容才是最为完美的配合。

DOS系统还为电脑提供了一些基础服务，能很好地与硬件建立衔接。

也正是因为有了DOS系统作为基础，Windows才能被安装好，才能让我们在Windows的环境下自在地进行各种程序的操作。

可是，不管怎样，当我们购买了一台新电脑，肯定需要安装上系统软件电脑才能工作，那么，系统软件到底是怎么安上的呢？

别着急，安装系统软件可不是一件简单的事。就拿安装Windows系统来说吧，可以分以下几个步骤：

1.首先按下电脑的电源，打开电脑，在主机放光盘的地方放入DOS系统安装盘，记住千万别拿被病毒感染过的系统盘哦。

2.然后，电脑自动进入到了DOS提示符界面。

3.如果你使用的DOS是6.0以上的版本，在屏幕上会出现"starting MS-DOS……"的信息提示，这时按下F5键，系统启动后就直接进入到提示符状态了。

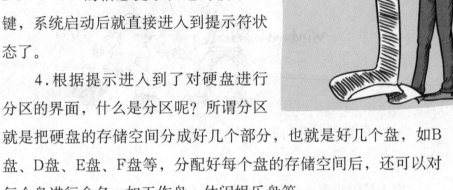

4.根据提示进入到了对硬盘进行分区的界面，什么是分区呢？所谓分区就是把硬盘的存储空间分成好几个部分，也就是好几个盘，如B盘、D盘、E盘、F盘等，分配好每个盘的存储空间后，还可以对每个盘进行命名，如工作盘、休闲娱乐盘等。

5.完成硬盘分区后，再次重启电脑，让其自行运行，直到屏幕上提示已经安装好DOS系统。就这样，DOS系统就安装好了。

终于装好了！
欧耶！

6.关电脑，取出DOS系统盘，然后，把鼠标接上，重启电脑。

7.开始安装Windows系统，在放光盘的地方放上Windows系统盘，等待它的运行。

8.再次重启电脑，正式进入Windows系统的安装过程。

9.安装Windows系统并不复杂，根据它的提示，把Windows下的各种程序一一安装好就可以了，如显示卡、音效卡等驱动程序。

10.等电脑提示已经安装成功，那重启电脑就可以直接进入Windows的界面了。

然后，你就可以根据自己的需要安装一些应用软件了。

步骤这么多，脑袋都要混乱了。其实，只要静下心来，根据步骤一步步地来，还是不难的。不信的话，你不妨试一下。

你知道吗

COMS指的是电脑主机板上一块与众不同的RAM芯片，为系统参数存放所在地。COMS存储器是用来将存储设定好的数据加以保存的，包括一些系统的硬件配置及用户对某些参数的设定，比如设备启动顺序等。此外，COMS也是安装系统的启动项。

智慧林

1. 操作系统软件是我们操作电脑的基本配备，你知道目前全球流行的主要操作系统软件有哪几个吗？

2. 生活中，如果电脑出现了软件故障或者遭受了网络病毒攻击而出现使用故障或者系统瘫痪，我们就会"重装"电脑。请问：这个"重装"到底是重装电脑的什么"零部件"？

3. 使用电脑的时候，点击"我的电脑"，大家可以看到C盘、D盘、E盘等不同的电脑硬盘分区，到底为什么人们要对电脑硬盘进行分区？硬盘分区的好处有哪些？为什么不能直接只设定一个硬盘区呢？

4. 为什么电脑的C盘会被俗称为"系统盘"呢？

第四章

好用的应用软件

应用软件能够
帮你完成特定的任务

想用QQ音乐听各种好听的歌，想玩《植物大战僵尸》的游戏，还想在电脑上写日记……怎么办呢？

别着急，你可以在自己的电脑上安装上QQ音乐软件、《植

1977年，正在哈佛大学读书的布里克林在学校机房的电脑上尝试编写小程序。他的教授问他：

你这是在干什么呢？

我在写一个能自动计算账目并自动形成统计表格的小程序。

这个想法非常好。我有一个朋友刚刚开了一个软件公司，要是他乐意投资，这程序一定能大卖！

一周之后，布里克林将这个小程序改写为世界上第一个电子表格软件——Visicale(维斯凯克)。1978年，布里克林创立"软件艺术公司"。1979年，维斯凯克正式投放市场，布里克林希望和苹果合作。

到1980年，乔布斯购入维斯凯克，将维斯凯克应用到苹果电脑上，结果大获好评。到1983年，维斯凯克的销量就突破50万套了。

这个新软件真好用啊！是啊，给我们省了不少事儿。

这是一个简单而实用的程序，能轻松解决个人电脑数据处理问题。

可是，这个程序真的太简单了，你觉得消费者会喜欢吗？

不试试，我们又怎么知道呢？

物大战僵尸》软件，以及Word软件哦。这些能帮我们完成特定任务的软件，就是应用软件。

现在，电脑能为我们完成的任务越来越多了，应用软件也是多得数也数不清，比如音乐播放器、视频播放器、各种游戏软件等。不过，我们使用最多的主要是文字处理软件、表格处理软件、图形软件、数据库管理软件等。它们分别是什么样的呢？

我们首先来看看文字处理软件吧。

文字处理软件，是用来写文章、书信等跟文字相关的软件，有了它，你可以按照书信的格式给你的朋友写信，也可以按照作文格式写作文呢，我们熟悉的Word、WPS，就属于这类软件哦。

那什么是电子表格处理软件呢？所谓电子表格处理软件，就是能够让我们把电脑的显示屏当作纸，用键盘在其上编制各种完整表格的软件，很好理解吧！我们经常看到的Excel，就属于这类软件哦。

图形软件就更加好理解了，它就是用来帮我们绘制各种统计图表，并制造高质量的图形、图像，以及动画的软件。

那进到数据库，就可以把我的数学成绩59分改成60分？

是的，不过，你没有进入的权限哦。

数据库管理软件又是怎样的呢？举个例子来说吧，一个学校全体学生的成绩，都会储存在电脑里，形成数据库，用户可以

不用纸办公，可以节省多少棵树木呢？

对这些数据进行更改、增删、统计，还可以进行排名等管理。不过，一般人是没办法进到数据库里进行操作的。

有了各种应用软件的帮忙，很多公司都采用电脑进行无纸化办公了，这样不仅提高了效率，还节省了很多树木资源。

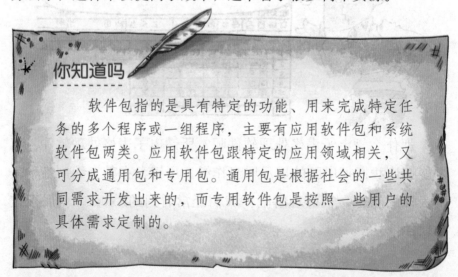

你知道吗

软件包指的是具有特定的功能、用来完成特定任务的多个程序或一组程序，主要有应用软件包和系统软件包两类。应用软件包跟特定的应用领域相关，又可分成通用包和专用包。通用包是根据社会的一些共同需求开发出来的，而专用软件包是按照一些用户的具体需求定制的。

办公软件中的佼佼者
——Office系列软件包

　　既然是系列软件包，当然不止一种软件啦。Office系列软件包可是包含了Word、Excel、PowerPoint、Access等应用软件，完全能满足办公的日常所需。现在，除了在公司工作的人会对电脑安装上Office系列软件包，就连家用的电脑几乎都有安装。那让我们一起来看看，其中最常用的Word和Excel都是怎么帮助我们工作的吧！

亲爱的，我忘了带文稿了，你给我发一份吧，就在我的Office里面的Word文档里。

好的，你等一会儿。

于是莫莉赶紧打车到威廉的办公室，可是找来找去不见文稿。

我已经在你的office了，可是不见有文稿。

难道我删除了？你打开回收站看看吧。

可是回收站在哪里啊？

回收站在桌面啊。

于是莫莉一直在电脑桌面翻来覆去地找……

1. Word：Office系列软件包中的文字处理软件。

Word可以用来写作文、写信，有非常强大的编辑功能。瞧瞧，它的功能都有哪些呢？

不好，写了个错别字，怎么办？别着急，你直接按键盘上的"Backspace"键，就可以将错别字删掉，而且根本看不到删掉的痕迹，比涂改液还厉害呢。然后，你再输入正确的字就好了。

很好用哦。快来试试吧！

写完作文检查下，天哪，整篇文章里的20几个"树叶"都写成"输液"了，怎么办？一个一个地改正，真耗时啊。别着急，Word里可是有个神奇的"查找"和"替换"功能，能帮你在一分钟内就全部改正过来。在"编辑"菜单中，选择"查找"命令，然后打开对话框，在对话框中输入要查找的"输液"二字，再在替换的对话框中输入"树叶"二字，然后点击全部替换，就将整篇文章的"输液"都修改成了"树叶"，真是快极了。

此外，你想给自己的文章里加入图片、表格、线条等，Word都可以帮你一一实现，让你的文章看起来生动直观多了。

但是，粗心的人可要记住了，文章写好后，一定要保存哦，要不然，你就要重写了哦。

2. Excel：Office系列软件包中的电子表格处理软件。

Excel可以帮我们绘制各种表格，还可以对表格上的数字进行一些基本运算，功能也很强大。不信，你看——

想画一个50行、60列的表格，用铅笔、尺子画了一天了，还没画好怎么办？嘿嘿，别着急，直接打开Excel，那里有现成的表格，完全不用拿铅笔画了哦。

将班上所有学生各科的成绩都填到表格上去了，要计算每个学生各科成绩的总和、每科成绩的平均分、给学生按成绩排名……工作任务好繁重啊，拿上计算器估计一天算下来也没有完成，怎么办？别着急，在Excel表格上相应的位置输入成绩总

和、平均分、排序的公式，表格上就会自动显示结果啦。

此外，Excel还可以帮你的数据用更直观的条形图、圆饼图表现出来，让你观察起来更方便，完全用不上铅笔和尺子。

不过，粗心的人依旧不要忘记了，表格绘制好了后，一定要保存哦，要不然，再次使用时那些数据都要重新输入，就麻烦了。

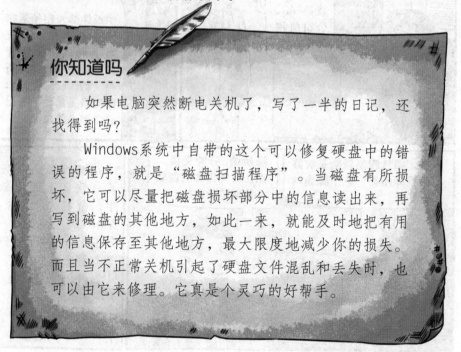

你知道吗

如果电脑突然断电关机了，写了一半的日记，还找得到吗？

Windows系统中自带的这个可以修复硬盘中的错误的程序，就是"磁盘扫描程序"。当磁盘有所损坏，它可以尽量把磁盘损坏部分中的信息读出来，再写到磁盘的其他地方，如此一来，就能及时地把有用的信息保存至其他地方，最大限度地减少你的损失。而且当不正常关机引起了硬盘文件混乱和丢失时，也可以由它来修理。它真是个灵巧的好帮手。

软件的产生离不开编程

我们用软件写作文、玩游戏、做表格……软件几乎充斥在我们的周围，然而，它到底是怎么产生的呢？

我们知道，软件是一条条程序的集合，那软件的产生肯定需要程序，所以如果知道程序是怎样产生的，自然就知道软件的来源了。

1982年，比尔·盖茨正在办公室里努力地工作。这时候，一位叫查尔斯·西蒙尼的年轻人进入比尔·盖茨的办公室。

你是谁？

我是PARC公司的程序员。

你找我有什么事吗？

听说你想为电子表格软件寻找一位开发者。你记得微软视窗软件中"所见即所得"的鼠标应用概念吗？我是第一个提出这个概念的人。

不错，微软视窗将会是实践"所见即所得"这个概念的最好平台。

短短的5分钟交谈，你让我觉得加盟微软将是难逢的良机。

1982年，西蒙尼开发了一款文字处理软件，命名为"MS-Word1.0"。人们第一次在Word里面见到"鼠标光标"的存在，只要轻松一点，就能实现文字编辑了。

而程序是由电脑程序员编写出来的，所以，不用说，大家也知道软件的产生来源了吧。

电脑程序员编写程序的过程，就叫编程。编程可是非常费脑子的事情，坐在办公室里一坐就是一整天，不过，幸好，他们的工资也挺高的。

唉……隔壁的程序员叔叔头发都快掉光了……

通常来说，编程包含以下几个步骤：

1.先列出计划，描述出电脑必须完成的每一步任务。

想想你到底要干吗，并写下每步要完成的任务。

2.写程序，即用一种特殊的程序语言将计划写成一行行电脑能识别的指令。这种语言可不是一般的语言，你得先学会它，才能将计划翻译给电脑，电脑才能识别，否则就是对牛弹琴。

我学会程序语言了，你想对电脑说什么，我来翻译给它听。

3.将程序转化为二进制码。二进制码是什么呢？下一章会告诉你。不过，这一步无须程序员自己动手。找一个翻译程序可以帮你直接把用程序写成的指令转化为二进制。

4.将程序装进电脑进行测试。

5.要是测试成功，那就大功告成了。要是失败了，对不起，你得直接回到第一步，从头再来，直到程序能有效工作为止。

　　编程的每一步都很重要，千万别偷懒而漏掉一些重要的指令，要不然，被搞晕的可不只是程序员，电脑也会被弄晕的。

　　不过，编程确实费脑细胞的，即使是非常简单的程序都如此，一些我们动动鼠标就可以实现的效果，程序员却要掉好多根头发才能编写出来。就连我们常用的一些游戏软件也是耗尽了程序员的心思，如《切水果》《扫雷》等。

拿大家都熟悉的计算器来说吧。我们在使用电脑上的计算器时，只要输入进行运算的数字，并在两组数据间加入运算符号，即可获得结果。可是，它到底是怎么计算的，以及计算应遵循的规则，都是我们用肉眼看不见的。别以为这个过程可以直接忽略掉，程序员们早已在编写计算机软件的时候，就把这些规则和计算的过程设置好了，所以，计算器才会快速地计算出结果。

所以，从某种角度上来说，虽然编程浪费了程序员的脑细胞，但能为其他人节省很多脑细胞呢，这也正是一些软件能代替我们人脑进行思考的原因。跟一些常常丢三落四、粗心大意的人相比，电脑有时候反而更可靠。

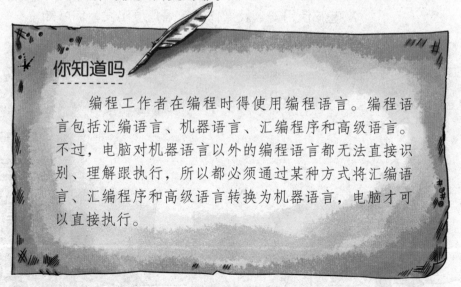

你知道吗

　　编程工作者在编程时得使用编程语言。编程语言包括汇编语言、机器语言、汇编程序和高级语言。不过，电脑对机器语言以外的编程语言都无法直接识别、理解跟执行，所以都必须通过某种方式将汇编语言、汇编程序和高级语言转换为机器语言，电脑才可以直接执行。

智慧林

① 正如上文所说"软件的产生离不开编程"，而编程又离不开代码，请问你知道什么是"代码"吗？

② Office系列软件包是Windows系统的常备办公软件，由美国微软公司开发。你知道由中国金山软件公司开发的办公软件叫什么名字吗？

③ 目前，应用软件丰富多样，用户能依据自身的使用需要来选择应用软件并进行安装，但是，有的应用软件经常被称为"装机必备软件"。请问：从电脑使用安全及操作便捷等角度出发，你所知道的"装机必备软件"有哪些？

第五章

特别的计量单位

不同寻常
的存储单位

我们所用的电，用度数来计量，我们所用的水，用吨来计量，可是，电脑、硬盘等存储信息的多少，是用什么来计量的呢？

安东尼到电脑店买硬盘，店员佐治给安东尼介绍最大容量的硬盘。

安东尼先生你好，现在我们这款新硬盘是大容量的，足有500G了，才要49美金啊。

噢，500g，才49美金。啊，好啊，我要一个。

于是，佐治成功卖了一个500G的硬盘给安东尼。可是，不过十几分钟，安东尼又回来了，还一脸气愤。

黑商，你骗人！

怎么啦，安东尼先生？

你不是说这个硬盘有500g吗？我称过了，它只有280多克呢。

呃……我说它的容量有500G，不是说它的重量有500g……

在生活中，我们经常听到160G的硬盘、1G的优盘、1G的内存条等说法，此外，还经常可以看到，我们用Word写的作文属性显示几K，或一张照片2M、一部电影1G。其实这些K、M、G，就是表示存储容量的单位。不过，要了解这些单位，我们首先得从表示信息的最小单位入手。

电脑中，表示信息的最小单位是b，即bit，"位"，1位也就是一个二进制基本元素（0或1）。比如，字母A，用二进制表示则为10000001，就有8个二进制位，也就是说，在电脑上表示A，要8位，8b。

一般来说，8个二进制位称作一个字节，字节的单位符号是B，Byte，表示存储容量的基本单位。而我们通常说的K其实是

KB，千字节，跟我们数学里说的千即1000不同，电脑中，1千字节=1024个字节，所以，1KB=1024B。KB也是表示存储容量的单位之一。比KB更大的存储容量的单位是MB，兆字节，1兆字节=1024千字节，所以1MB=1024KB。

而比MB更大的存储容量的单位是GB，也就是我们通常说的G，千兆字节，1千兆字节=1024兆字节，所以，1GB=1024MB。

真有趣，电脑中的存储容量单位中的千竟然不是1000而是1024，还真是不太习惯呢。

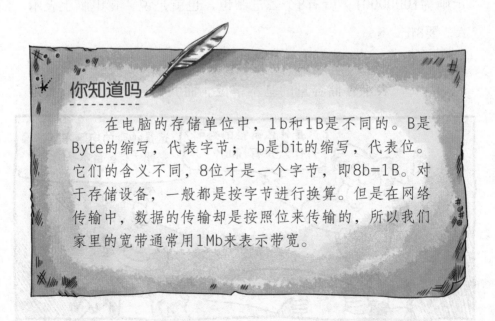

你知道吗

在电脑的存储单位中，1b和1B是不同的。B是Byte的缩写，代表字节；b是bit的缩写，代表位。它们的含义不同，8位才是一个字节，即8b=1B。对于存储设备，一般都是按字节进行换算。但是在网络传输中，数据的传输却是按照位来传输的，所以我们家里的宽带通常用1Mb来表示带宽。

神奇的二进制

　　为什么电脑的信息单位计量跟我们平常数学中的单位计量区别这么大呢？是故意保持一种神秘感，还是故意刁难我们这些电脑外行呢？呵呵，当然不是，这主要是因为电脑使用二进制来表达信息，更简单、方便。然而，到底什么是二进制，它又是怎么来的呢？

1642年，法国数学家帕斯卡发明了机械计算机，不过它仅能做加减运算，不能做乘除运算，并不好用。

1694年，德国数学家戈特弗里德·威廉·莱布尼茨想对它加以改进。

不光让它会进行加减法运算，还要让它会乘除。

莱布尼茨沿着帕斯卡的思路继续研究，不过，他终日苦思冥想，就是没有获得什么进展。

一天，欧洲的传教士将中国的八卦介绍给他。

这真是太神奇了！

他如获至宝，立即投入了研究。他发现，八卦中仅有阴和阳两种符号，却组成了8种不一样的卦象，进一步又可以演变成64卦。

能不能用"0"和"1"分别代替八卦中的阴阳，然后用阿拉伯数字将八卦表示出来呢？

在这个思路的指引下，他继续研究，最终发现了恰好用二进制可以表示从0至7的8个数字。

莱布尼茨在八卦的基础上发明了二进制，并最后设计出了长1米、宽30厘米、高25厘米的机械计算机。这台计算机既能做加减法，还能做乘除法和求平方根的运算。

哈哈！
我想到啦！

哈哈，原来二进制是这样来的啊。可是，对于二进制还是不太理解，怎么办？别着急，我们先来了解了解十进制吧。

在数学里，我们使用的是十进制。什么是十进制呢？十进制就是满10进1，满20进2，满30进3……以此类推。而对于单独的个位数来说，最大的是9，只要满了10，就得进1位。

嘿，妈妈！以后我要成为一名伟大的电脑专家！

听上去真棒。为什么呢？

计算机的二进制只有0和1，这是不是说我只要学会写0和1就可以不用上学啦？

……

既然如此，那么二进制就是满2进1了吧？非常正确。

可是，十进制中，满10进1，多是对于单独的字符，最大只能是9，那么满2就进1的话，对于单独的字符，最大的就是1了。这样看来，在二进制中出现的数字字符只有0和1，真是少得可怜啊。

电脑使用二进制来表示信息，所以表达电脑信息的数字中只有0和1，而电脑里面的全部事情都得用0和1来转换。

8个二进制位代表一个字节，那么，8个二进制位上的0和1数字，进行不同的组合形式，就构成了不同的字节，也就代表了不同的信息。

就拿颜色红、绿、蓝来说吧，电脑存储颜色的方法跟存储字母的方法是相同的，只是在选择颜色模式的时候，不同的字节代表的是不同的颜色。假如，00000001代表红色，10000001代表绿色，10000011代表蓝色，那当我们在电脑上看到一幅红色的设计作品，在电脑的程序信息里面，对于这幅作品的颜色信息的储存并不是汉字"红色"，而是00000001这个组合。

此外，图片的大小、声音的音质，以及一些有趣的指令，也是以二进制字节的形式进行存储的。不过，看似一张简单的图，因为包含的信息不仅有颜色，还有形状等。所以，电脑要存储它，就得将它拆分成无数个字节，有秩序地存储起来，我们在电脑上看到的才是这幅完整的图片。

这么看来，无论是精彩纷呈的图片，还是高潮迭起的声音，在电脑里，不过是一堆冰冷的二进制数而已。所以，千万别把电脑中的二进制数看成是单纯的数字了，它们可是代表着不同的信息的。

这是电脑独特的语言。一看上去，一堆奇怪的0和1，其中也许储存着各种图画和音乐！

用二进制数来表达信息，涉及的字符比较少，能更好地代表一些信息，如，用0和1分别来代表开和关就超级简单，此外，二进制数的抗干扰能力比较强，不会轻易出错。

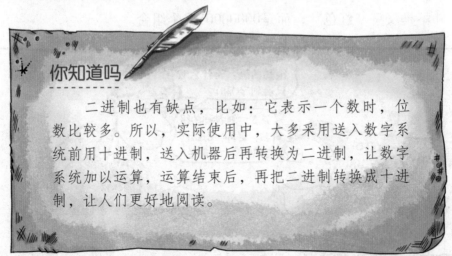

你知道吗

二进制也有缺点，比如：它表示一个数时，位数比较多。所以，实际使用中，大多采用送入数字系统前用十进制，送入机器后再转换为二进制，让数字系统加以运算，运算结束后，再把二进制转换成十进制，让人们更好地阅读。

电脑的运行速度怎么计量？

奇怪，为什么有的电脑开机要好几分钟才运行到桌面，而有的电脑开机后却只需几十秒呢？别紧张，这种现象跟电脑的运行速度有很大关系。

一般来说，运行速度越快，电脑的性能就越好。可是，电脑的运行速度是用什么单位来计量的呢？跟我们常常用的速度单位"米/秒"一样吗？

1968年，英特尔巨头罗伯特·诺伊斯到斯坦福大学找研究员西安·霍夫。

我希望你能加盟英特尔，负责和日本商业通讯公司合作研制一套可编程的台式计算器。

我很荣幸有机会成为这家高级技术公司的第十二名员工。

霍夫从诺伊斯手上拿到日本公司准备的计算机设计图纸，随即惊讶地说：

天啊，这么小的一台计算机竟然要安装10块集成电路芯片！

没办法，可编程台式计算机的运行速度必须跟得上啊，这机器对数字和电脑语言处理速度的要求比个人电脑要高。

霍夫于是在实验室内反复研究，不断钻研集成电路芯片。

其实，只要将普通集成电路芯片压缩成中央数据处理芯片，就能大大减少集成电路芯片的使用量。

1971年，霍夫成功研制出仅有12平方毫米却集成了2250个晶体管的中央处理芯片，宣告了电脑微处理时代的来临。

不久，英特尔成功推出第一代微处理器8008。

当我们要写文章，打开Word的时候，如果Word半天没开，就说明电脑的运行速度较为缓慢，而如果点击Word，文件在下一秒就打开了的话，说明电脑的运行速度特别快。

正在运行中……

不过，电脑的运行速度可不是用"米/秒"来计量的。电脑的运行速度单位主要有赫兹，即Hz，指的是波形每秒变化或振动的次数。

有趣的是，电脑的不同硬件对Hz的定义可是不一样的。就拿CPU来说，Hz指的是它的工作频率，并不是CPU的运算速度。因为CPU的运算速度的计算有另一套方法，它是用"加法运算的次数/秒"来计算的。不过，很多迷糊的人都用工作频率的大小来衡量CPU的运算速度。

先生，CPU频率大小和它的运算速度没什么关系，当然，体积也一样。

少废话！给我个头儿像我一样强大的超级电脑来！

除了Hz外，还有KHz，即千赫兹，MHz，即兆赫兹，GHz，即千兆赫兹。其中，1KHz=1000Hz，1MHz=1000KHz，

1GHz=1000MHz。这里的"千"跟数学里的1000是相同的。

不过，让人没想到的是，就连打印机和鼠标也有精度单位哦。DPI，就是衡量打印机分辨率的一个重要的参数，它是指每英寸上的点数。DPI的值越大，打印的效果就越精细。比如，400DPI则表示每英寸可打印400个点。

而DPI还可以用来描述鼠标的分辨率，指的是，鼠标每移动一英寸可以检测出的点数。

此外，打印机的打印速度可以用PPM，即"页数/分钟"来表示，意为每分钟可以打印的页数，显然，这个数值越大，则表示打印的速度越快。

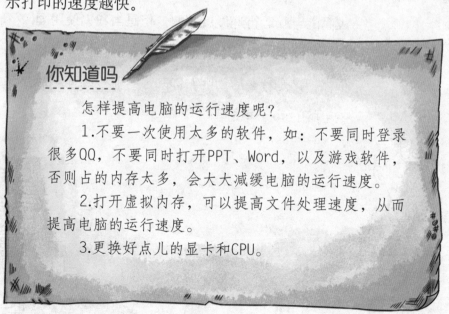

你知道吗

怎样提高电脑的运行速度呢？

1.不要一次使用太多的软件，如：不要同时登录很多QQ，不要同时打开PPT、Word，以及游戏软件，否则占的内存太多，会大大减缓电脑的运行速度。

2.打开虚拟内存，可以提高文件处理速度，从而提高电脑的运行速度。

3.更换好点儿的显卡和CPU。

智慧林

1. 电脑中表示信息的单位有KB,MB,GB和TB等符号，这些符号都代表什么含义？你知道1TB等于多少GB吗？

2. 我们平时学的数学知识都是采用十进位制的，但电脑程序使用的是二进制，这是为什么呢？有什么好处？

3. 随着科技的发展，电脑的硬件配置越来越先进，运行速度也越来越快。所以一般来说，硬件配置越高的电脑运行速度就越快。但是当我们使用同一台电脑时，有时运行速度快，有时运行速度却很慢，这是什么原因呢？你知道有哪些因素会影响电脑的运行速度吗？

第六章

电脑也会犯错误

是电脑程序出错了吗?

电脑会犯错吗?当然,它可不是万能的,有时候也会发脾气,不听从指挥,有时候甚至会直接罢工。电脑很复杂,当它不能按我们预想的那样执行任务并给出结果时,存在的原因是错综复杂的。

亨利,你给我解释一下,为什么要花那么多人力物力去解决"千年虫"这个虫子问题吧!

银行行长 杰克逊

千年虫很可怕,会将2000年自动读成1900年,也就是说,千年虫问题不解决的话,客户在1999年最后一天存入存款,那么到了2000年第一天,他会收到足100年的利息。

亨利,赶紧让贷款部办理客户贷款,有多少贷多少!

为什么啊,杰克逊先生?

有了千年虫,现在放出去的贷款,到了2000年就能收100年的贷款利息了。

您也太能举一反三了吧!

用Word文档写了一篇文章，然后用电脑自动纠错软件来检查文章时，原本应该使用"美丽"却被你打成"魅力"的词语，却没有被这个纠错软件发现，这是怎么回事？是电脑任性看不上这么个小错误吗？

还有，在使用电脑中的计算器计算10除以3，得出的结果是3.3333333……可是把这个结果再乘以3时，得出的结果并不是10。这又是怎么回事呢？是电脑程序出错了吗？

像以上两种情况，电脑各方面都没有出错，可是，电脑在帮我们完成任务时，并没有出现理想的结果。这还真是奇怪。

别着急，我们先来看看这个自动纠错软件。一般来说，纠错软件在工作的时候，都是将自己接收到的字跟它本身储存的字加以比较，虽然写的文章里存在错误的词，但是每个单字都是对的，所以电脑并未把它们归为错别字。

这样看来，这对用错的词组没被发现出来，完全是自动纠错软件本身不够完美导致的。像这种程序没有错，程序员没有错，使用者更没有错，错就错在这款程序不够完善，没有针对"词组"进行纠错的情况，该怎么避免呢？

很简单，让程序员重新编程，在现有的基础上再增加一个"词组"纠错功能吧！

而像计算器上出现的这种不理想的结果，恐怕是没办法避免的了。因为，受屏幕的限制，电脑计算器是没办法把所有的无限循环小数显示出来的。

不过，像自动纠错软件出现的不尽人意的结果，倒是有很多，如：电脑在记录日期中也曾发生过错误，这样的错误一度

震惊世界，引起了全世界人的重视，这样的错误还被取了个名字——"千年虫"。

在1996年，有一家汽车租赁公司购买了一批新车。通过查询电脑中的详细资料可以知道，这批车应该是在4年之后才需要被卖掉，但电脑提示，应该马上以10英镑一辆的价格卖掉这些车。这是怎么回事？电脑怎么会犯这么低级的错误？要是租赁公司真的按电脑提示立即卖掉这些车，将带来不可估量的损失。

电脑之所以会犯这样的错误，是因为电脑将2000年当成了1900年，其"罪魁祸首"就是程序员。程序员在设计程序时，仅让电脑储存日期的年份部分，而把世纪部分给落下了。也就是说，"1984"被当成"84"储存了起来，而没把表示世纪的那部

分给存储下来。对于同一个世纪还好，不会有什么影响，而一旦遇到世纪的更替就闹笑话了。

而这个汽车租赁公司，刚好遇上了2000年，日期被记作了"00"，在这种情况下，有些没进行日期更新的电脑软件要么直接认为日期出错而罢工，要么就认为日期正确，并把它当成了1900年，因此当汽车租赁公司用电脑计算新车应该卖掉的时间时，电脑会认为这批车已经使用了96年，再不卖掉就是傻子了！

所以，程序员在测试的时候，如果能考虑得周到一点，这些错误便都可以避免。不过，百密必有一疏，程序员也不可能把所有的"情况"都提前设想到，使用者也就别太纠结了。

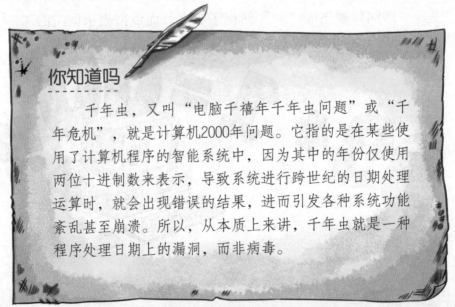

你知道吗

千年虫，又叫"电脑千禧年千年虫问题"或"千年危机"，就是计算机2000年问题。它指的是在某些使用了计算机程序的智能系统中，因为其中的年份仅使用两位十进制数来表示，导致系统进行跨世纪的日期处理运算时，就会出现错误的结果，进而引发各种系统功能紊乱甚至崩溃。所以，从本质上来讲，千年虫就是一种程序处理日期上的漏洞，而非病毒。

使用者自作聪明，真难为了电脑

电脑有时候犯错，还跟使用者有关。使用电脑的人，常常会自作聪明，不遵循电脑上既定的程序，硬要按自己的思维来操作。自己犯糊涂了不要紧，还把电脑给搞糊涂了。试想：你如果遇到了这样的情况，会怎么处理？

电脑的运算精度主要取决于数据表示的位数，也就是机器字长。威尔逊爷爷到电脑店买电脑，就遇到这样一个问题。

先生你好，我的电脑怎么老出错啊，你能帮我修理一下吗？

噢，这位老先生，你的电脑已经是古董级的啦！它怎么啦，是不是动不了？

能动能动，就是地图搜索要等很久，有时甚至直接死机。

老先生，你的电脑还是16位的，现在我们的电脑都64位了，你拿这台古董电脑处理现在的导航地图，肯定是不行的。

不是说电脑运算是最可靠的吗？

是是是，但是它的运算能力和它的位数有关。你再勉强它，它只会罢工。

好吧，那索性让它退休好了，来，给我换个64位的新电脑。

假如你是一名救护车司机，救护车上安装了一套新的电脑系统，这个系统能告诉你去那个地方该走哪条路。

不过，在一次急救任务中，你知道一条近道可以去那个地方，那么现在，你会按自己知道的近路走呢，还是按电脑的指示走？

很多自以为可以为急救节省时间的人，都会选择按自己知道的近路走，但是，他们在跟医院里的医护人员报告自己的方位时常常会出错，电脑对救护车的定位也找不准，以致电脑设备跟软件也出现错误，使得电脑里的地图乱成一团，根本辨别不出方位。

当电脑吃力地自行调整时，系统反而因为负担过度沉重，造成连急救电话都打不进来的后果。而你按电脑的指示走，则电脑随时都能够知道你的救护车所处的位置，能在急救中将你派到需要的地方去。

所以，有时候使用电脑也别太自作聪明哦。

你知道吗

电脑能够确定你的位置，是因为电脑中早就输入了一些地图并对其进行了一些地点标注，当你脱离了电脑地图上的位置和轨道，电脑便无法检索到你所处的地方。这也是电脑比较傻的一点。

使用者太粗心，电脑会犯错

使用电脑要非常小心，仅仅是按错一个键或一个简单的符号，都会带来非常大的损失。

1992年，一家荷兰的化学工厂发生爆炸，造成多人伤亡，而这个灾难的产生仅仅是因为化学工厂的工作人员在用电脑控制化学混合物的比例时，将小数点的位置放错了。我们知道，化学混合物是非常危险的，混合物的成分比例搞错了，彼此发生的反应也会有变化，从而引发爆炸。真是太粗心了！

1992年，荷兰某化学工厂

嗯……应该是……那里吧，对对，那里。

那个小数点到底是在哪个位置啊？

嘭！

嘭！

天，小数点放错位置了！

1996年12月31日，新西兰一家由电脑控制的工厂因电脑全部关机无法启动，而不得不让全体员工提前放假，这是为什么呢？

这都是因为一个粗心的程序员。控制工厂的电脑在这一天原本也是开着的，要到第二天才到元旦，也就是1月的时候，工厂的电脑才关机。然而，程序员忘记了一个重大的信息，那就是1996年是个闰年，电脑的程序被编写错了，未把闰年日算上，以致提前一天进入1月，所以电脑提前24小时关机了。当然，遇到这种情况，工厂的员工们是最高兴不过的。

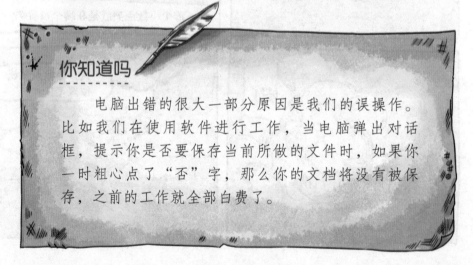

你知道吗

　　电脑出错的很大一部分原因是我们的误操作。比如我们在使用软件进行工作，当电脑弹出对话框，提示你是否要保存当前所做的文件时，如果你一时粗心点了"否"字，那么你的文档将没有被保存，之前的工作就全部白费了。

电脑硬件受损了，电脑会犯错

有时候电脑的一些硬件受到了轻微的损害，电脑依旧可以运行，那就不管它，继续使用吧。呵呵，这可就危险了，不信，你往下看——

苏珊上午刚到电脑店买了一台新主机，下午便气冲冲地回去找店员"算账"。

我上午才买的新主机，怎么下午就坏了？

不可能啊，女士，我明明是确保无误才给您送货的。

一按开机键，主机就嘟的一声响，然后显示器毫无反应，你说不是主机坏了是什么？

女士，主机有自检功能，如果你听到主机发出嘟的长音，其实它是在告诉你连接主机的某个硬件坏了。

所以呢……

所以，我建议你买个新的显示器回去试试。

你还真会做生意呀。

1980年6月30日凌晨1点26分，在内布拉斯加州的奥马哈附近，美国战略空军司令部的指挥室里，电脑的显示器突然发出了警报，说有两枚导弹正向指挥室飞来，然而，过了一会儿，显示器信号发生了改变，说更多的导弹正在逼近，紧接着，显示器里的信号又说根本无任何导弹的痕迹。这该怎么办？

　　惊恐万状的高级将领是应准备发射自己的导弹，还是钻到桌子底下，捂着耳朵，自生自灭，还是找工程师来检查设备？

　　在这种混乱的时候，做出这三个决定中的任何一个都有可能。所幸，受到惊吓的高级将领们很快冷静了下来，立即进行了圆桌会议，一致觉得是电脑的警报系统出了问题。于是，他们请来了工程师检查，结果发现确实是电脑里的一个芯片损坏了。它会发出这么多不准确的消息是因为它显示的是随机的测试信息。高级将领们这才如释重负。试想：如果在这期间，高级将领们指挥发射了一枚导弹，将造成怎样的生灵涂炭！

　　当然，要是高级将领们有随时对电脑硬件进行勘察的习惯，或许也不用经历这场惊吓了。

而在1997年3月，荷兰也发生了一件不可思议的事情，那就是荷兰南部的所有火车竟然因为一张小小的纸片而停止了运行。

然而，并不是这张小小的纸片有多么神奇，而是它掉进了控制火车运转的电脑的键盘里，导致空格键根本无法使用。电脑工作不得不中断，才致使火车停运的。

都怪这张小小的纸片，妈妈在家给我做的好吃的，我都赶不上了。

电脑的硬件受损后，虽然还可以运行，但是，它可不一定是在正常运行，所以，电脑的硬件受损时，一定不要掉以轻心，应及时修理或更换。尤其是当电脑用在非常重要的地方的时候，更是要好好保护电脑，定期做好勘察和维护。

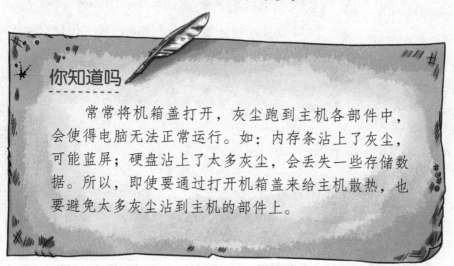

你知道吗

常常将机箱盖打开，灰尘跑到主机各部件中，会使得电脑无法正常运行。如：内存条沾上了灰尘，可能蓝屏；硬盘沾上了太多灰尘，会丢失一些存储数据。所以，即使要通过打开机箱盖来给主机散热，也要避免太多灰尘沾到主机的部件上。

智慧林

1. 踏入2000年之际，世界范围内曾大范围掀起"千年虫"问题，到底当年人们所说的"千年虫"是什么？

2. 电脑硬件受损的情况有很多，有的时候，连接着主机的显示器突然就黑屏了，请问：造成电脑显示器黑屏的原因有哪些？

3. 我们在使用电脑的过程中，有时电脑会无缘无故出现"蓝屏"现象，请问：为什么会出现"蓝屏"现象？

4. 我们在使用电脑的时候偶尔会听到主机嘟嘟作响，然后电脑就自动重启了，请问：是主机什么部件出了问题，主机才会嘟嘟作响？

第七章

巧妙应对电脑的硬件故障

电脑死机了，
怎么办?

哎，电脑用得好好的，突然就死机了，鼠标怎么点都没反应，这是怎么回事?

这是电脑出现故障了!不过，别着急，我们先搞清楚它出现的是哪方面的故障，才能解决这个问题哦。

电脑出现的故障主要有软件故障和硬件故障，我们要怎么去区分电脑是发生了软件故障还是硬件故障呢？

这里有个用得比较多的方法——首先将电脑系统盘完全格式化（格式化就是让电脑的磁盘回到初始化的一种操作），然后重新安装操作系统。如果故障得到了解决，就说明是软件故障，要是故障还是未解决，则说明是硬件故障。

当然，要是对电脑系统进行了格式化后，根本无法正常安装操作系统了，那不用怀疑，你的电脑出现了硬件故障。

确定了电脑是因为出现了硬件故障才死机的，事情才完成了一半，还得慢慢检测是哪个硬件发生了故障，这一步可就复杂得多了。

不过，一般来说，造成死机的硬件故障的原因可能是CPU散热器出了问题或CPU过热，也可能是显卡、电源散热器出了问题，比如过热。好吧，现在你就是电脑修理师了，来对电脑进行检测吧。

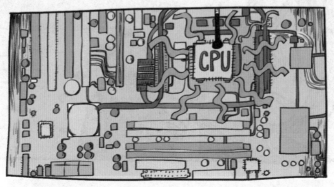

1.CPU散热器出问题导致电脑故障。

判断故障是否由CPU散热器引起的，你可以通过下面的方法进行检测：把电脑平放在地上，然后打开电脑，看CPU散热器扇叶有没有在旋转，要是扇叶根本没动，说明是CPU散热器——CPU风扇——出现了问题。

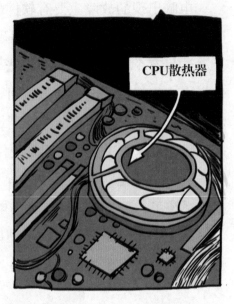

CPU风扇如果出现故障，但并未停止转动，只是转数太小，也是起不到良好的散热作用的。可是，怎么判断风扇的转数是否变小了呢？你可以用食指轻轻触碰CPU风扇，若有打手的感觉，则说明风扇运行没问题，若手指一放上去，风扇就停止了转动，说明风扇还是存在故障。当然，用手指触碰风扇的时候，可千万小心，别用指甲接触风扇。

检测出是CPU散热器的问题后，给自己的电脑更换个新的CPU散热器就可以了。

2.显卡、电源散热器出问题导致电脑故障。

判断故障是否由显卡散热器引起时，和CPU散热器的检查方法相同，按上面的步骤来就可以。不过，对电源散热器故障的检测则稍有区别，主要方法为：把手心平放在电源后部，要是感觉吹出的风非常有力，而且不算热，则说明电源散热器没有问题，要是感觉吹出来的风非常热，或根本感觉不到风，则说明电源散热器有问题。

如果确定显卡散热器出现问题，直接把显卡风扇换掉吧；要是确定电源散热器出现了问题，电源风扇虽在内部，不过也可以自己用个螺丝刀拆下来进行更换哦。

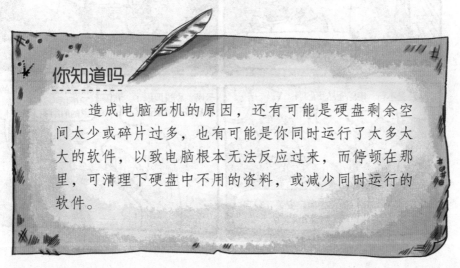

你知道吗

造成电脑死机的原因，还有可能是硬盘剩余空间太少或碎片过多，也有可能是你同时运行了太多太大的软件，以致电脑根本无法反应过来，而停顿在那里，可清理下硬盘中不用的资料，或减少同时运行的软件。

电脑总是无故重启，怎么办？

玩电脑游戏玩得正高兴，突然电脑就重启了，真扫兴！不过，别担心，电脑重启如果是系统本身的漏洞或非法操作引起的，那可以不用管它。可是，如果是因为硬件出现了问题，那还是静下心来好好检测一下吧。

一般来说，造成电脑重启的硬件故障可能是CPU风扇转速过低或CPU过热引起的，也可能是主板电容爆浆所致。

奇怪！CPU风扇转速过低或CPU过热不是会造成死机吗？怎么也会造成重启呢？这是因为现在的市场上主板会对CPU转速过低及CPU过热进行保护，当CPU风扇转速低于某一个数值时或CPU温度超过某一数值时，电脑就会自动重启。要是你的电脑有这种保护功能，CPU风扇一出现问题，电脑就会在使用一段时间后就重启，让人烦躁不已。不过，看在它保护CPU的分上，还是勉强接受吧。

可是，要怎么知道电脑的重启是否跟CPU风扇出现问题有关呢？你可以把电脑的这种保护功能关闭，要是电脑不再重启了，可以确定是CPU风扇的保护功能引起的，要是电脑还在重启，而CPU风扇的转速很低且非常热，就说明是CPU风扇出了问题，这时你直接换个CPU风扇就可以了。

除此之外，电脑使用时间过长，一些质量较差的主板电容就会爆浆。要是爆浆不严重，电脑还可以继续正常使用，而当主板电容爆浆非常严重时，主板性能便会变得越来越不稳定，就会出现重启。可是，怎么判断重启跟主板电容是否有关呢？

你可以这样进行检测：把机箱平放，然后观察主板上的电容，正常电容的顶部是完全平的，只有部分电容会有内凹，不过，爆浆后的电容则是凸起的。要是观察到电容凸起，那么问题就在主板上。

面对这种情况引起的重启，是不是要把整块主板都换掉呢？不，千万别干这种傻事，你只要把主板供电部分的电容换掉就可以了。你可以把主板拆下，自己更换，也可以带到专门的维修站去维修，记住，维修费用很低，可不要被奸商给骗了哦。

还有一个容易忽视的地方是如果硬盘被碰坏了，电脑也会出现重启，所以平时也要好好保护硬盘。

你知道吗

BIOS为英文"Basic Input Output System"的缩略词，意为"基本输入输出系统"。事实上，它就是一组固化到计算机内主板上一个ROM芯片上的程序，含有计算机最重要的基本输入输出的程序、系统设置信息、开机后自检程序，以及系统自启动程序。

它主要为计算机提供最底层、最直接的硬件设置与控制。

电脑开机无响应，怎么办？

想开电脑看看，按下电源按钮，电脑却丝毫没反应，就连显示屏也一直是黑屏，这是怎么回事呢？检查了一遍显示器和主机的电源都有插好，就连显示器跟主板信号接口处也没有脱落。那问题到底出在哪里呢？

别着急，先弄清楚开机无响应是开机后CPU风扇转但显示器黑屏，还是按下开机键CPU风扇仍未转。

首先，我们来看看"开机后CPU风扇转但显示器黑屏"的情况。当出现这种情况的时候，你可以通过主板的BIOS报警音来辨别到底是哪个硬件出了错。

什么是BIOS报警音呢？BIOS是一组固化在主板上的一个芯片上的程序，当电脑发生异常时，它就会让主机发出报警音。

不过，BIOS报警音还真复杂——

BIOS报警音是一次短促的声音，表明系统正常。

BIOS报警音是两次短促的声音，表明有常规错误，进入到CMOS SETUP，对不正确的选项加以重新设置即可。

BIOS报警音如果是一次长音和一次短音，则表明RAM或主板出错。

可根据BIOS报警音长短判断原因。

BIOS报警音如果是一次长音和两次短音，则表明显卡出错了。

BIOS报警音如果是一次长

音和三次短音，则表明键盘控制出错。

BIOS报警音如果是连续不断的长音，则表示内存条没插稳或受到了损坏。

BIOS报警音如果是连续不断的短音，则表示电源、显示器没和显卡连接好。

BIOS报警音如果是循环式的短音，则表示电源有问题。

如果你的听力没问题的话，通过分辨以上报警音，就可以找到出现故障的地方在哪里了。

在这么多种情况中，发生最多的就是显卡错误和内存条插不稳了！那遇到这两种情况，该怎么办呢？很简单，只要把显卡或内存

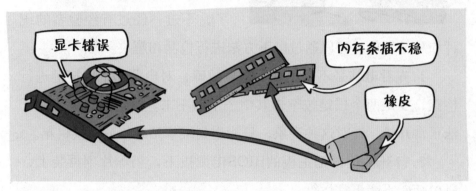

条拔下来，然后用橡皮擦擦干净，再重新安装上去就可以了。

不过，要是主板BIOS报警音并没有响，那该怎么办？别紧张，这时候你可得多多注意一下主板硬盘的指示灯，在主机上显眼处红色的那个。

当指示灯一闪一闪的，那说明硬盘正常，我们就把检测的重点放在显示器上吧。如果确定了显示器的问题，可不要自己动手打开显示器盖进行维修，要知道里面可是有高压电的，不小心被电到就惨了，还是送到维修站交给专业的修理师去修理吧。

但是，如果主板硬盘指示灯长亮或长暗，就重点检查一下主机吧。你可以试着逐一把内存条、显卡、硬盘等配件插上再拔下

来找到故障源。

　　要是全部试过后，还是没办法解决故障，这很有可能是CPU或主板受到了物理损坏，需要进一步检查。这时候，你还是乖乖地把电脑送去维修站吧。

　　接下来，我们再来看看"按下开机键CPU风扇仍未转"的情况吧。这种情况比起上面那种情况可就更难处理了，不过，经过有经验者的统计和总结发现，可以通过以下方法进行检测和解决：

　　1.先看电脑是不是出现了物理故障，对电源和重启按键进行检查，要是两个按键按下去其中一个起不来，就可能造成电脑无法正常开机。针对这种现象，只能送到维修站维修或更换机箱。

　　2.打开机箱，把主板的BIOS电源拔下，稍等片刻再装上，看电脑能不能正常运行。

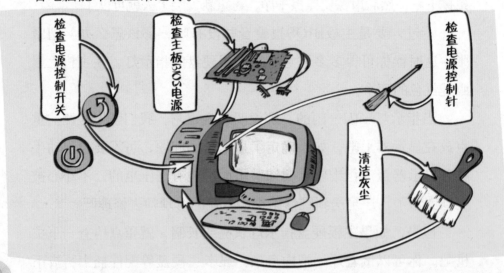

3.把主板跟机箱的连接线都拔下来，然后用螺丝刀碰触主板电源控制针，要是能正常开机，说明是机箱开机与重启键出现了故障。

4.把电源跟主板、光驱、硬盘、软驱等设备间的连线及电源线都拔下来，再将主板背板的所有设备，如显示器、网线、鼠标、键盘也都拔下，然后把主板电源插座跟电源插头上的灰尘全部吹掉，再重新插上，然后开机，要是这时候可以开机，再把设备一件一件插上，以此来确定引起故障的配件。

如果以上四种方法都试过了，还是没有查出原因来，那就把电脑送到维修站进行维修吧，因为很有可能是你的电脑电源或主板被烧毁了。

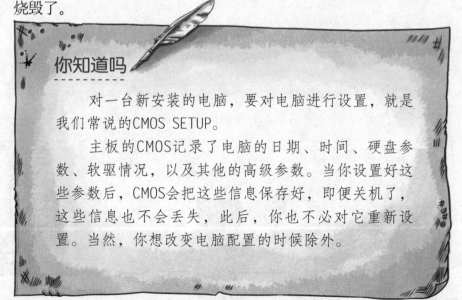

你知道吗

对一台新安装的电脑，要对电脑进行设置，就是我们常说的CMOS SETUP。

主板的CMOS记录了电脑的日期、时间、硬盘参数、软驱情况，以及其他的高级参数。当你设置好这些参数后，CMOS会把这些信息保存好，即便关机了，这些信息也不会丢失，此后，你也不必对它重新设置。当然，你想改变电脑配置的时候除外。

智慧林

1. CPU风扇故障或者转速过低有可能导致电脑死机，请问：为什么CPU需要配置风扇呢？

2. 电脑无缘无故不断重启会给电脑使用者造成不便，可能会导致电脑资料无法及时保存而丢失，也会对电脑主机的硬件造成一定的影响，请问：这些影响主要有哪些？

3. 除了CPU、内存条等硬件之外，电脑主板对于电脑运作有着重要的影响，请问：电脑主板对于电脑操作有什么重要作用？

第八章

巧妙应对电脑的软件故障

C盘　　D盘　　回收站

糟糕，系统软件发生故障了

有时候，电脑的配件没有出现任何故障，可是我们却没办法用Word写文章，没办法玩《连连看》，这是怎么回事呢？

这是因为你电脑上的Word、《连连看》的应用软件出错了！这种错属于软件故障哦。不过，软件分系统软件和应用软件，所以软件故障也分为系统软件的故障和应用软件的故障。

宝贝儿贝丝，电脑不知道怎么啦，系统操作不了，还有很多网页弹出来，想关都关不了！

没事，我正在回来的路上，可能是电脑感染病毒了。

感染病毒了？这怎么办？

没事，稍微杀杀毒就好。

二十分钟后

妈妈，你干什么啊？

电脑不是感染病毒了吗？我给它消毒杀菌来着。

呃……

我们知道，系统软件可是所有软件的总管，它要是出错了，那不是出大事了吗？

别紧张，为了避免系统软件出故障，我们还是先来了解了解系统软件发生故障的原因吧。

一般来说，系统软件发生故障主要有四个原因：

1.被病毒感染了。

系统软件被病毒感染后，它自身都没办法正常运行，当然没办法去管理其他硬件和软件了，也没办法为应用软件提供一个良好的运行环境。所以，这时候，所有的应用程序都难以正常运行了，用Word写字和玩《连连看》游戏，也只能想想了。

不过，不要紧张，因为出现这种故障的时候，系统通常会报错，告诉你"××调用出错""××系统出错"等，你可以轻易发现问题。

遇到这种情况，只要用杀毒软件清除病毒，然后重新安装系统就可以解决了。

2.系统安装不完整。

系统软件要是安装不完整，那也是会影响其他应用软件的使用的。因为，作为系统软件的"总管"，它可不仅仅包含自己运行必备的程序模块，还包含了一些其他功能模块，这些功能模块可以帮助其他应用软件顺利地安装在电脑上。

如，Windows系统可是含有打印机的驱动程序的，而你在安装Windows系统的时候一时粗心，没按自己打印机的型号安装驱动程序或选择了错误的驱动程序，这时，电脑里的所有程序都没办法进行打印。这可怎么办呢？

别着急，你在意识到有些应用软件的功能没办法实现的时候，可以重新安装系统软件哦。

3.选择了错误版本的操作系统。

我们所用的操作系统可是在不断更新的，所以，它们会有很多版本，而且版本号也是从低到高，自然，对应的功能也是越来越强。

可是，使用低版本操作系统的机型，你却偏要给它安上高版本的系统，你的电脑也就不适应了，不是这里出错就是那里出错。这是为什么呢？

这是因为高版本的系统对硬件的要求也更高，适合低版本系统的电脑已经满足不了了。

因此，如果你的电脑是因为使用了不匹配的操作系统版本而出现故障的话，还是别勉强，给电脑安上适合的操作系统的版本吧。

4. 硬盘和DOS不兼容。

有时候，电脑在启动时会提示硬盘不存在了，可是，硬盘明明完好地连接在主板上啦，这是怎么回事呢？

这是因为硬盘与DOS系统不兼容，如你的硬盘是在DOS3.3版本上进行分区的，而用DOS3.1版本的系统是没办法访问这个硬盘的。也就是说，低版本的DOS系统无法访问高版本系统建立的硬盘文件，但是，高版本的DOS系统是能访问低版本系统建立的硬盘文件的。

遇到这种情况，还是乖乖地改用相同版本的DOS系统来启动吧。

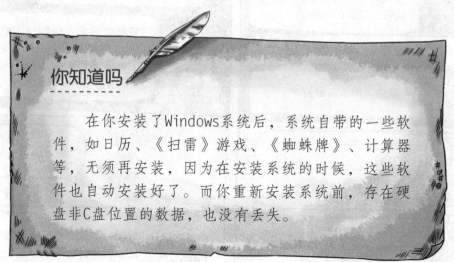

你知道吗

在你安装了Windows系统后，系统自带的一些软件，如日历、《扫雷》游戏、《蜘蛛牌》、计算器等，无须再安装，因为在安装系统的时候，这些软件也自动安装好了。而你重新安装系统前，存在硬盘非C盘位置的数据，也没有丢失。

应用软件
也会发生故障

　　能帮我们完成特定任务的应用软件，有时候却怎么点击都丝毫没反应。唉，应用软件也发生故障了。

　　应用软件发生故障的原因有哪些呢？这还真多，我们还是看看一些最为常见的原因吧。

原因一：应用软件有缺陷。

有时候，我们想打开某个应用软件，会出现"××文件未找到"的提示信息，这是怎么回事呢？明明这个软件才安装没多久，怎么电脑就找不到它呢？呵呵，这是因为你的软件中有一个或几个比较重要的文件一旦丢失了，当然，你也就没办法用它来工作了。

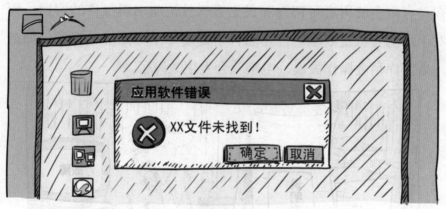

可是，这些文件怎么会无缘无故丢失呢？

大家都知道，我们安装软件时，会把这些软件文件放到一个指定的C盘或D盘，我们在对磁盘进行清理时，会误把软件文件当成来历不明的文件，给直接删除了，有时候甚至会把它误当作病毒给清理掉。所以，原本的软件文件就这样丢失了。

此外，你安装的应用软件如果不是标准的软件，也会出现文件丢失的问题，尤其当这些软件文件是从别的电脑上拷贝过来的时候，在安装它时，你可能会把一些特定的文件安装在一些特定的位置，所以，无法得到完整的文件。

针对这两种情况，没有什么特别简便的方法，只能寻找新的标准的安装软件进行重新安装，或把不小心删掉的文件进行恢复。

原因二：操作不当。

我们对某个应用软件不熟悉的时候，常常会因操作不当而引起软件故障。操作不当？谁会犯这种低级错误呢？呵呵，殊不知，有很多使用者可都没养成先看软件说明书再操作的习惯，而对于那些有特定要求的应用软件可是容不下一点点错误的，如此一来，你稍微操作失误，电脑就会发生故障了。

如果通过反复运行产生故障的软件，认真地操作后，确定是操作错误产生的故障，那就好好地按照软件的说明书来进行操作吧。

原因三：安装出错或未修改相应的文件。

我们在安装应用软件的时候，通常都是按照指示直接点"下一步"，就轻松地安装好了。

可是，对一些特定的应用程序，你不按照它的说明书来进行安装，软件不会进行正常的运转。

除此之外，有些应用软件还真麻烦，在运行时，非得指定好文件必须放在电脑的哪个磁盘，还要求修改一些相应的文件。不过，这些都在安装说明书上有说明。

所以，还是不要太心急，按照说明书来安装应用软件吧。

原因四：病毒感染。

人被病毒感染了，会感到各种不舒服。应用软件要是被病毒感染，也会出现各种故障，甚至直接停止运行。

所以，应用软件被病毒感染了，要及时用杀毒软件对它进行杀毒，情况严重的话，你可能还得将这个应用软件卸载后进行重新安装。

你知道吗

可以通过以下方法，预防软件故障：

1.安装一个新软件前，应事先考察好它跟系统的兼容性。

2.当电脑出现非法操作与蓝屏时，应认真分析其出现的原因。

3.实时监控系统资源的占用情况。

4.对已安装的软件，通过软件自带的卸载程序或控制面板中的"添加或删除程序"功能进行删除和卸载。

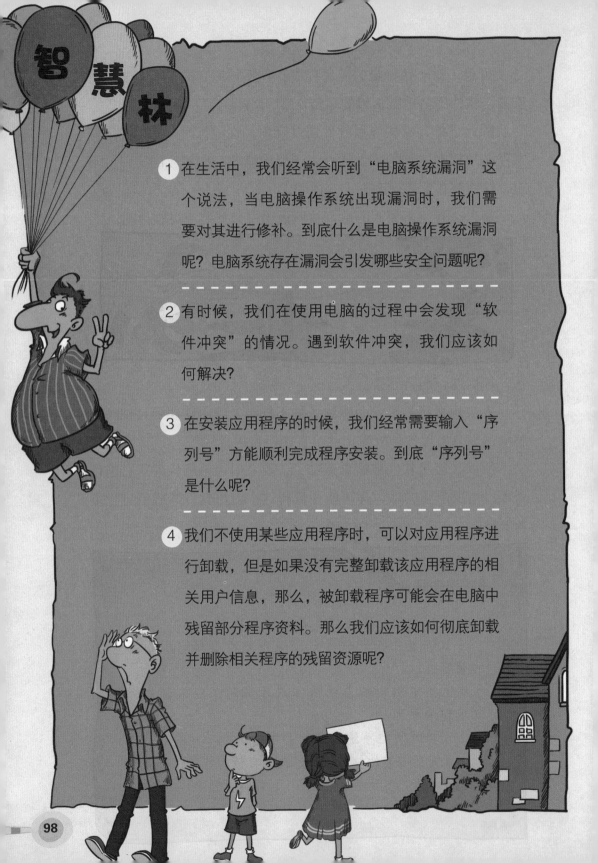

智慧林

1 在生活中，我们经常会听到"电脑系统漏洞"这个说法，当电脑操作系统出现漏洞时，我们需要对其进行修补。到底什么是电脑操作系统漏洞呢？电脑系统存在漏洞会引发哪些安全问题呢？

2 有时候，我们在使用电脑的过程中会发现"软件冲突"的情况。遇到软件冲突，我们应该如何解决？

3 在安装应用程序的时候，我们经常需要输入"序列号"方能顺利完成程序安装。到底"序列号"是什么呢？

4 我们不使用某些应用程序时，可以对应用程序进行卸载，但是如果没有完整卸载该应用程序的相关用户信息，那么，被卸载程序可能会在电脑中残留部分程序资料。那么我们应该如何彻底卸载并删除相关程序的残留资源呢？

第九章

听话的电脑机器人

世界上第一台电脑机器人

天天洗碗、做饭、扫地，真是太无聊、太累了！要是有一种只需耗费电就毫无怨言地为我们做家务甚至做更高难度的工作的人就好了！对，造一个电脑机器人就可以了。

于是，在各大科学家的合作努力下，世界上第一台电脑机器人诞生了！

第一台电脑机器人诞生后，电脑机器人的发展非常迅速。到现在，机器人不仅能帮你洗衣做饭，甚至还能做医院的助手。

不过，到底什么叫"电脑机器人"呢？

电脑机器人长得像人吗？是的，它在构造上确实很像人，不过，它的身体可不是肉做的，而是用各种电线和铁制得的。它的核心是电脑，它的行走、动作都需要电脑来控制而实现。

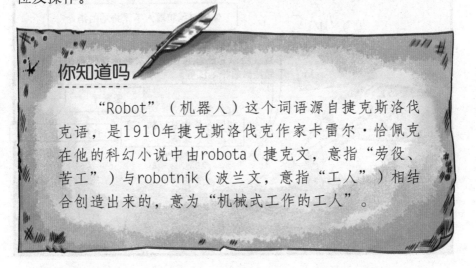

Bili Bili

主人，您的早餐！

虽然电脑机器人是一种机器，但是它所具备的功能可都是根据人进行配备的。如：麦克风相当于人的耳朵，电脑用它输入声音；摄像机相当于人的眼睛，电脑通过它进行图像的输入；语音机相当于人的嘴，电脑用它来"说话"，即输出声音；一些臂状的金属杆或一组轮子，相当于人的腿，电脑用它来控制机器人的行走方位和运动；在气压式的末端配上的爪子和金属杆相当于人的手和胳膊，电脑用它进行定位及操作。

你知道吗

"Robot"（机器人）这个词语源自捷克斯洛伐克语，是1910年捷克斯洛伐克作家卡雷尔·恰佩克在他的科幻小说中由robota（捷克文，意指"劳役、苦工"）与robotnik（波兰文，意指"工人"）相结合创造出来的，意为"机械式工作的工人"。

电脑机器人
有时候笨笨的

　　有了电脑机器人，我们是不是就可以安枕无忧，放心地把事情交给它们去做了呢？当然不是，因为电脑机器人有时候笨笨的，动不动就会犯错，即使做一些简单的工作，也会一不小心就闯祸。

机器人用麦克风来接收声音，可是，光接收了声音，却没教它们区分各种声音的不同，它们也是没办法做出正确的反应的。然而，它们都是机器，我们怎么"教"呢？

要"教"它们肯定得用到它们能识别的语言——程序，所以，只有编好程序将其输入电脑，电脑才能识别，从而控制好机器人的行动。

电脑是机器人的核心，主宰着机器人的一切行动，包括机器人要去往哪里。电脑接收到去往某地的信息后，会把这种信息发送给机器人的"腿"，教它向左转、向右转，或是直走。不过，在这之前，你还是先给电脑一张准确的地图吧。

比如：让做饭机器人准确无误地在家中各个房间行走，就必须

在它的电脑里存储一张整个家的地图，要是粗心的主人忘了这一步的话，你让它从厨房走到书房，说不定，它就直接去卫生间了。

如果你想让一个电脑机器人从事服务工作，那电脑里要存储的信息就更复杂了，除了记住一些路线，还得有一些清晰的"图像"。比如：一家餐厅配备了电脑机器人服务生，客人点了道"拔丝香蕉"的菜，可是拔丝香蕉长什么样呢？

这时候，电脑会搜索内存里早已存好的"拔丝香蕉"的图片，然后去真实生活中取到跟图片差不多样子的菜，再端给客人吃。

不过，电脑在存储信息的时候，一定要准确，要是不小心把热狗的照片换成了哈巴狗的照片，恰好客人点了"热狗"，傻傻的机器人可就要闹笑话了。此外，机器人端盘子的力度也得控制好，要是力度太大，盘子会被捏碎，要是抓得太紧，客人根本取不下盘子来。

松手！你这个铁皮低能儿！

因此，要让一个机器人为我们服务，还真是不容易。很多细节都应提前想到，并准确地写成程序，输入电脑才行。

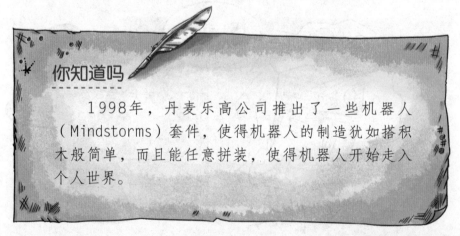

你知道吗

1998年，丹麦乐高公司推出了一些机器人（Mindstorms）套件，使得机器人的制造犹如搭积木般简单，而且能任意拼装，使得机器人开始走入个人世界。

越来越完善的机器人

最开始出现的机器人，要么走路的时候碰壁了，要么把东西撞碎了，有的还闹出各种笑话……真叫人操心！

不过，随着科技的发展，现在的机器人设计得越来越完善，越来越可靠了。

瞧，那台在工厂里到处移动还不会迷路撞上人的机器，做起事来还真娴熟啊。呵呵，它就是由日本著名的本田公司成功研制出的一款跟人极为相似的机器人呢。

1982年，一台无线遥控机器人被两个少年从他们爸爸的公司偷出来玩。

少年把机器人带到美国贝弗利的街上，让它优哉地闲逛着。

快看它走路的样子！太有趣了！

不料，机器人行为可疑，被警察盯上了。

警察赶紧出动，对它进行逮捕，而那两个少年，早已吓得跑得无影无踪。

机器人被警察带走了，警察想将它拆开，看看它到底从哪里来。当警察拿着各种起子、螺丝刀准备拆卸的时候，机器人大喊起来：

救命啊！他们要把我拆开！

它为什么能如此行动自如呢？这是因为，这种机器人配备了非常灵敏的感应器，对前方障碍物的分辨非常灵敏，所以根本不会撞到人。要知道，这个机器人可是有两米高、210千克重，要是被它撞上了，你就乖乖地去医院躺上一阵子吧。

再看，那台可爱的微型机器人在人的体内干什么呢？别大惊小怪，它可是在给病人做手术呢。1998年，一个法国外科医生正是借助一个特殊屏幕，指挥着这个微型机器人在人一般情况下难以接触的病灶部位进行手术，还成功完成了6个心脏手术，真是太让人惊讶了！

此外，有一种叫莫尼卡的机器人是由丹麦人设计的，是一种滚动式机器人，可以用来排查供暖设施故障。还有一种潜水机器人甚至代替了潜水员，负责检查海底油钻支架是否生锈的工作，因为它们在冰冷的海水里比潜水员待的时间更长，而且下水时根本不需要潜水员防寒所用的热空气及潜水服上的管子……

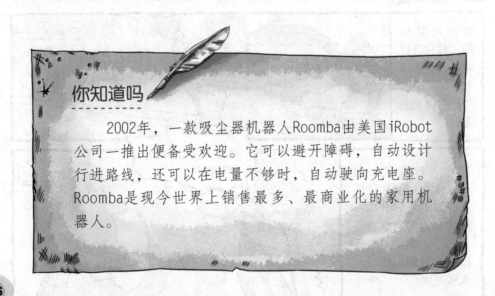

你知道吗

2002年，一款吸尘器机器人Roomba由美国iRobot公司一推出便备受欢迎。它可以避开障碍，自动设计行进路线，还可以在电量不够时，自动驶向充电座。Roomba是现今世界上销售最多、最商业化的家用机器人。

电脑比人类聪明吗?

现在，电脑机器人不仅能帮我们做家务、做工作，甚至能完成一些人类根本没办法做到的事情，可以说，电脑机器人已经是人类非常有利的助手了。

那么，是不是就可以说，电脑比人类聪明呢?

菲利普给家中安装了一套智能电脑中控系统。

为……为……为什么，要……要……要装?

傻瓜，这智能系统很聪明的!它由最厉害的电脑程序控制，功能都是声控的，你说"开空调"，它就会开空调，你说"打开电视机"，它就会打开电视机，很厉害的。

啊，很……很……很……很聪明啊!

当然咯!

于是，艾薇儿使用这个声控系统。

电脑开……开……开……关……关……关在……哪儿?

天啊，你别问了，我的电脑开开关关了N多次，我辛苦做的设计图都没有了。

我……问电脑开……开……开……关……关……关在……哪儿……而已。

菲利普看着一开一关的电脑……

看来这聪明的智能电脑中控系统还不够聪明啊，怎么就分不清口吃和指令呢?

107

1997年，IBM的国际象棋电脑机器人"深蓝"在象棋比赛中打败了世界冠军加里·卡斯帕罗夫。

此外，加利福尼亚大学一台名为"亚伦"的电脑竟然按照程序自行绘制了一幅画，这幅画比一般人画得都要精美，甚至卖出了2000美元的价钱。

这是怎么回事，电脑居然比人类还厉害了？它们变得比人类还聪明了吗？

别过早下结论，让我们先来仔细看看，这两台电脑为什么变得这么厉害吧。

电脑"深蓝"跟人类的思维并不一样，它之所以能在比赛中获胜，是因为研制它的人给它配备了一个秘密武器，也就是通过另一个世界冠军判断"深蓝"走的每步棋是否完美，然后再分析下好每一步。尽管如此，在比赛的第一回合里，"深蓝"还是输给了卡斯帕罗夫。

再来说说那会自己作画的电脑"亚伦"。它之所以会作画，是因为程序员给它输入了程序并早就储存了大量的颜色、线条画等，然后电脑根据一定的原则组合，绘出了一幅画来。电脑本身根本不知道美丑，也不知道自己在干什么，要不然，它会让程序

员把自己绘画所得的钱拿走吗？

因此，虽然各式各样的机器人都有，而且个个都变得"聪明"了，有时候甚至在某些方面要超过很多人，但是，与人类相比，它们拥有的只是些"小聪明"。

因为不管怎样，机器人的大脑永远是电脑，而我们人类的大脑却是真正的大脑，虽然电脑记东西很快，而且记得也非常多，却只会接受我们输入的指令。即使我们把它们设计成了"人工智能型"的机器人，让它们拥有和我们人类一样的思考能力，机器人也不会比人类更聪明，它还是只会按照我们发的指令，去执行相关任务。

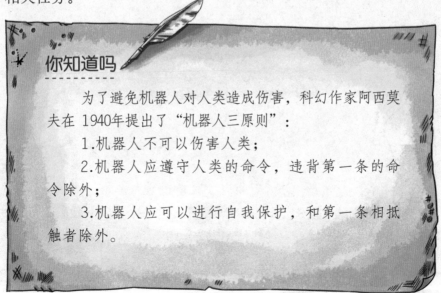

你知道吗

为了避免机器人对人类造成伤害，科幻作家阿西莫夫在 1940 年提出了"机器人三原则"：

1. 机器人不可以伤害人类；

2. 机器人应遵守人类的命令，违背第一条的命令除外；

3. 机器人应可以进行自我保护，和第一条相抵触者除外。

1 机器人的发明可以为我们的日常生活带来不少便利，请问：到底机器人的定义是什么？

2 现在，不少国家都将机器人发明作为其中一项重要的科学研究，你知道目前世界上机器人研发技术比较成熟的国家有哪些吗？

3 随着机器人研发技术的不断发展，目前被研发出来的机器人已经能通过电脑中枢控制，进行相关特定指令的动作了。请问：目前的机器人研发多用于什么领域？

第十章

未来的电脑会越来越"傻"

未来电脑
的发展方向

电脑的发展速度可真快啊，还不到100年的时间，从体形到性能就已经更新换代了无数次了，真难想象在未来我们的电脑会变成什么样子呢！

20世纪60年代美国曾在电视上播出的动画片《杰克逊一家》里出现过这样的场景：当你放学回到家，所有的家用电器就根据你的需要自动开启；只要你一声大吼，电脑就自动进入网页帮你搜索外卖店，并准确地下单；只要你想要听歌，电脑就自动帮你调出你要听的歌曲，只要你愿意，循环播放个千百遍也行……

这样的生活方式在当时看似可笑，但是，现在看来，该动画

片的导演还真是有远见。电脑技术发展得如此之快，说不定，用不了多久，我们每个人都将过着这样的生活，想想都觉得过瘾。

可是，电脑在未来到底将如何发展呢？毫无疑问，计算机将会往更便携、功能更强大、个性化更强、更"傻"的方向迈进。

更便携、功能更强大及个性化，我们都能理解，可是，变得更"傻"还怎么为我们服务呢？

别着急，这里说的更"傻"可不是指越来越笨，而是指电脑的操作会越来越简单，即使没有经过任何电脑操作培训的老人，甚至是文盲都能随心所欲地使用电脑，比如，电脑直接接受声音指令，帮你完成各项任务等。

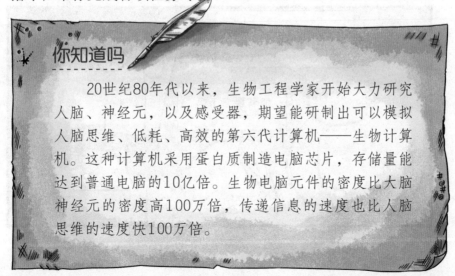

你知道吗

20世纪80年代以来，生物工程学家开始大力研究人脑、神经元，以及感受器，期望能研制出可以模拟人脑思维、低耗、高效的第六代计算机——生物计算机。这种计算机采用蛋白质制造电脑芯片，存储量能达到普通电脑的10亿倍。生物电脑元件的密度比大脑神经元的密度高100万倍，传递信息的速度也比人脑思维的速度快100万倍。

电脑日益强大的 功能与个性

如今，想买台能代表自己个性的电脑，难吗？不难！颜色红、黄、白、蓝任你选，款式厚、薄、纤薄任你挑，体形想怎么方便携带都可以，各个配件的功能配置由强到弱你可以自己组合……

可以说，电脑的功能和性能变得越来越强大了，而在未来，电脑会在追求功能与个性越来越强大的路上越走越远。

电脑主机和计算机外围设备的电线连接真麻烦，怎么办？两个字——改进！

现在，美国一家半导体公司就在着手准备研究新一代电脑——用无线超宽技术来代替电缆，如果成功了，那些连接线统统可以省掉，即使主机在客厅，外围设备在卧室，电脑仍然可以正常使用，真是方便多了。

最小的电脑——iPad——虽然只有7寸，可是，还想更小，携带一点儿也不碍事就好了，怎么办？

别担心，在未来电脑会小得只有手表般大小，甚至变成衣着的装饰品。或许到了那一天，传统的键盘和显示屏都不再存在。你只要用手指轻轻触摸下就可以操纵中央处理器，而像眼镜一样的东西可能就是新一代的显示屏。

要给电脑充电，得配上插座和电源，真碍事，怎么办？

别着急，也许在不久的将来，就会有科学家发明一种能随时应用太阳能、风能的器件，随时对电脑提供运行所需的能量。那时就好了，不仅携带方便了，电费也能省下不少呢。

电脑运行速度还是太慢，都点击好几秒了，才开始播放歌曲，能再提高点儿速度吗？

没问题，现在，美国的科学家就已经在研究一种量子计算机和一种光子计算机了。要知道，电脑的速度主要由其组成部件的运行速度与排列密度决定，而光子在这两方面的功能都非常完美。

此外，光子的速度是宇宙中最快的，远远超过电子的速度，比量子也要快上很多，要是光子计算机能够成功研制出来，那速度快得惊人，也许眨眼的工夫，你的电脑就能为你完成很多工作。至于什么是量子或是光子，你不用深入了解，到时候好好享受它的速度就行了。

目前的电脑一般是简单的长方形、正方形，不能彰显你的个性，怎么办？

别担心，现在有很多公司在研究更吸引人的电脑外形。在不久的未来，电脑的造型也会变得越来越好看、越来越多样化，猫咪状、枕头状、喇叭状、盒子状等，一切我们可以想象到的形状都有可能出现。

因为，追求个性化的人们，不仅要拥有电脑的实用性，还要让自己拥有好的视觉享受。

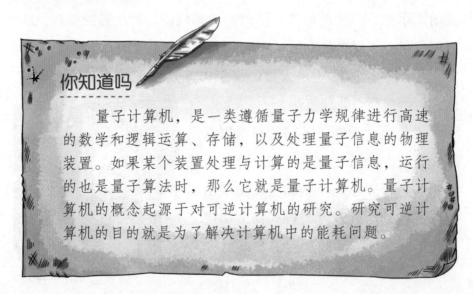

你知道吗

量子计算机，是一类遵循量子力学规律进行高速的数学和逻辑运算、存储，以及处理量子信息的物理装置。如果某个装置处理与计算的是量子信息，运行的也是量子算法时，那么它就是量子计算机。量子计算机的概念起源于对可逆计算机的研究。研究可逆计算机的目的就是为了解决计算机中的能耗问题。

未来的 "绿色电脑"

我们享受着电脑带给我们的便利，却忽略了一个非常严肃的问题——它会对环境造成负面影响，如：电脑会产生辐射，且耗能大，坏掉的电脑硬件回收利用率低，等等。

别不相信，从20世纪90年代起，由电脑造成的污染，就开始损害着工作人员的健康，各种电脑综合征纷纷出现。

现在，人们对于电脑和健康、电脑和生态环境的关系越来越重视、关心，再加上如今正是能源缺乏的时代，人们的环保意识增强，不难理解，电脑也将向着更环保的方向发展。

≤10亿台

电脑对环境的污染到底有多严重呢？不妨来看看以下几个数据吧。

一台电脑在运行时，每年会制造出0.1吨的二氧化碳，那么，10亿台电脑所产生的二氧化碳是多少？哦，不敢计算，数字大得惊人。

每台电脑每年耗电50度左右，10亿台电脑每年消耗的电量又是多少呢？

此外，电脑的电磁波辐射也成为巨大的"电磁杀手"，在影响着人们的身体健康，每年损坏被扔掉的电脑成千上万台，真正能回收利用的却少得可怜，这些电脑材料中含有大量的镍、铬、

汞等重金属，对环境造成的污染非常严重。所以，人们都希望能研发出一款"绿色电脑"。

然而，什么是"绿色电脑"呢？

真正的绿色电脑辐射低，耗能低，对健康和环境的危害少，而且电脑报废后再利用率也高，此外，在制造电脑时，尽最大可能减少有害于生态环境的物质与电脑报废后残余物质的产生。

为了研究出绿色环保电脑，有很多科学家正积极地研究着能利用太阳能、风能等绿色能源的设备，为电脑提供能源支持，也有很多科学家在想方设法找到一种更先进的材料来代替集成电路，从而减少电脑的辐射……不管怎样，我们相信，未来电脑将变得更"绿色"。

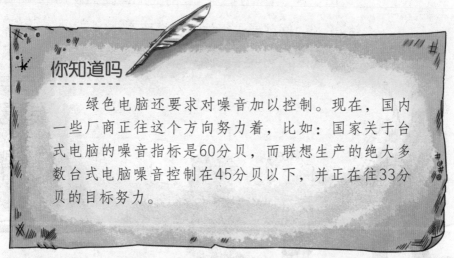

你知道吗

绿色电脑还要求对噪音加以控制。现在，国内一些厂商正往这个方向努力着，比如：国家关于台式电脑的噪音指标是60分贝，而联想生产的绝大多数台式电脑噪音控制在45分贝以下，并正在往33分贝的目标努力。

智慧林

1. 便携式计算机，俗称"手提电脑"或者"笔记本电脑"，是移动性较高的个人电脑产品，不像台式电脑那样由主机、显示器等部件组成。但是，现在人们在笔记本电脑和台式电脑中搭建了性能更佳、移动性较好的"一体式电脑"。请问：你知道什么是"一体式电脑"吗？

2. 掌上电脑和平板电脑越来越普及，你知道平板电脑、掌上电脑和传统个人电脑的区别吗？

3. 长时间使用电脑容易受到电磁波辐射，你知道有什么方法可以减少电脑辐射吗？

4. 为了减少电脑辐射，国家对青少年电脑使用时间给出了建议，请问：一般情况下，我们使用电脑多长时间就要进行休息，是两个小时、3个小时，还是4个小时？